U0150144

中國茶全書

——贵州兴义卷——

徐盛祥 主编　黄凌昌 执行主编

中国林业出版社

图书在版编目(CIP)数据

中国茶全书.贵州兴义卷 / 徐盛祥主编. -- 北京:

中国林业出版社,2021.11

ISBN 978-7-5219-1252-4

Ⅰ.①中… Ⅱ.①徐… Ⅲ.①茶文化—兴义 Ⅳ.①TS971.21

中国版本图书馆CIP数据核字(2021)第133113号

出 版 人:刘东黎

策划编辑:段植林 李 顺

责任编辑:李 顺 陈 慧 马吉萍

出版咨询:(010)83143569

出版:中国林业出版社(100009 北京市西城区刘海胡同7号)

网站:http://www.forestry.gov.cn/lycb.html

印刷:北京博海升彩色印刷有限公司

发行:中国林业出版社

版次:2021年11月第1版

印次:2021年11月第1次

开本:787mm×1092mm 1/16

印张:15.5

字数:350千字

定价:228.00元

《中国茶全书》
总编纂委员会

《中国茶全书·贵州兴义卷》
编纂委员会

出版说明

2008年，《茶全书》构思于江西省萍乡市上栗县。

2009—2015年，本人对茶的有关著作，中央及地方对茶行业相关文件进行深入研究和学习。

2015年5月，项目在中国林业出版社正式立项，经过整3年时间，项目团队对全国18个产茶省的茶区调研和组织工作，得到了各地人民政府、农业农村局、供销社、茶产业办和茶行业协会的大力支持与肯定，并基本完成了《茶全书》的组织结构和框架设计。

2017年6月，在中国林业出版社领导的指导下，由王德安、段植林、李顺等商议，定名为《中国茶全书》。

2020年3月，《中国茶全书》获中宣部国家出版基金项目资助。

《中国茶全书》定位为大型公益性著作，各卷册内容由基层组织编写，相关资料都来源于地方多渠道的调研和组织。本套全书可以说是迄今为止最大型的茶类主题的集体著作。

《中国茶全书》体系设定为总卷、省卷、地市卷等系列，预计出版180卷左右，计划历时20年，在2030年前完成。

把茶文化、茶产业、茶科技统筹起来，将茶产业推动成为乡村振兴的支柱产业，我们将为之不懈努力。

王德安

2021年6月7日于长沙

序 言

《中国茶全书·贵州兴义卷》的编纂，可喜可贺。兴义茶文化历史悠久，茶产业已成为兴义市的主要名片之一，是兴义市助力全面建成小康、乡村振兴的支柱产业。纵观《贵州省志·农业志》《黔西南布依族苗族自治州志·农业畜牧渔业志》《兴义县志》（旧版）、新版《兴义县志》《兴义市志》（1978—2006）等史籍，虽对兴义茶产业生产有所记载，但受各种因素的制约，均未能完整地记述兴义茶产业的发展历程，更不能记录兴义的茶产业现状和发展方向。为此，按市委、市人民政府安排，2018年底，由兴义市农业农村局牵头，会同16家相关市直部门、12个乡镇（街道）和兴义市茶叶产业协会组建了《兴义茶全书》编纂工作领导小组，着手编纂兴义市第一部关于茶叶的图书——《中国茶全书·贵州兴义卷》。经众多编纂人员共同努力，历时三年多，终于完成稿件。

《中国茶全书·贵州兴义卷》，运用辩证唯物主义和历史唯物主义的立场、观点和方法，对兴义市茶叶的起源、历史发展、古茶树、茶马古道、茶文化、茶馆、茶楼的产生和发展历程、茶叶种植技术、茶叶生产加工技术、茶叶的市场营销、品牌打造等方面发生的变化和所取得的成就予以客观公正的、系统的记述。全书对兴义茶产业发展具有较大影响的历史事件和历史人物进行了深入细致的挖掘整理和抢救性补记。全书按照《中国茶全书》编纂的相关章节要求编写，结构完整紧凑、图文并茂、布局合理、体例得当、内容丰富，文字顺畅，具有鲜明的时代特征、行业特点和地方本土特色，具有一定的思想性、专业性、知识性、科学性和实用性，是一部全面记述兴义市茶产业发展史的专著，为了解兴义茶叶发展历程及发展方向提供珍贵的第一手资料，对兴义茶产业的发展起到极其重要的推动作用。

《中国茶全书·贵州兴义卷》分17章，分别记述了兴义的茶史、茶业地理、茶贸篇、茗茶集萃、名泉茶韵、茶器、茶人撷英、茶俗采风、茶馆（茶楼）文化、茶文艺剪影、茶科教与行业组织、茶旅指南、茶计划、茶政策、茶质量体系、茶产业与精准脱贫攻坚等具体内容，是一部名副其实的兴义茶叶全书。

　　该书较全面地反映了兴义市茶产业的发展历程；同时相关专业部分可以作为兴义市茶叶基地建设、生产加工的培训技术资料和读本。为读者进一步了解兴义市市情，推进兴义市茶业的可持续发展，不断开创兴义茶业发展的新局面。

（黔西南州农业农村发展中心主任、茶叶产业专班班长、二级研究员）

前言

在中共兴义市委、市人民政府主要领导的关心支持下，通过市编纂委员会精心谋划，编纂人员群策群力，《中国茶全书·贵州兴义卷》历经三年多时间，即将成稿付梓。这是自清嘉庆二年（1798年）成立兴义县以来的第一部茶全书。适值中国共产党建党100周年之际，又逢"十四五"开局之年、兴义市乡村振兴再创佳绩之时，可喜可贺。

全书以习近平总书记新时代中国特色社会主义思想为指引，力求以辩证唯物主义和历史唯物主义的观点，坚持略古详今、兴义特色的原则，客观地记载了兴义与茶有关的社会生活、经贸活动、乡贤名士、文物古迹以及独特民俗等，以蕴含事物变化的轨迹，历史发展的规律，庶不负这部跨越时代、独具魅力的茶业历史文化盛世著作。

在编纂中，编委会着力在三个方面下了苦功夫：其一，收集、整理好旧志、家谱以及其他大量相关资料中有关茶的历史记录，取其精华；其二，认真吸取历代修志的经验和教训，使认识升华和飞跃；其三，从兴义建县时期的历史资料因县城三次被匪徒攻占、原始档案资料焚毁、散失严重的实际出发，认真开展了大量的野外调查、人员走访活动，不断听取各方专家、行家的意见，求真务实，精心编纂。特别是注重彰显兴义县（市）的固有特色，在古茶树、茶马古道、兴义茶品、茶企、茶人、茶馆、茶旅一体化、布依族、苗族、回族茶礼民俗等方面，都给予了浓墨重彩的书写。

几分耕耘，几分收获。《中国茶全书·贵州兴义卷》，既不负"名士之乡""经济强县"之誉，又圆了社会贤达二百多年之梦；既不负乡亲父老翘首之望，又毕了兴义第一部茶全书之功。"存史、资政、教化"的功能得以展示和传承，令人欣慰。

《中国茶全书·贵州兴义卷》的编纂成功表明："党委领导，政府主持，众手成志"的格局是无比正确的，这三者密切相联，缺一不可。兴义市党政领导对本书的编纂工作十分重视，早已将此项工作纳入重要议事日程，经常关心，时常过问并创造了优越的编纂条件，编委会、编纂人员结构合理，相互补充，一批有担当有水平，又潜心竭力的编纂人员，使"求实、创新、协作、奉献"的精神得到了充分展现。回望历史，我们倍感欣慰与自豪，展望未来，我们需要梳理传统文脉以激励前行。美不自美，美美与共。兴义市茶产业、茶文化弘扬正当其时，兴义文旅兴市正当其时，贵州崛起正当其时！

兴义市农业农村局

2021 年 10 月 14 日

凡 例

一、**指导思想**：以马克思列宁主义、毛泽东思想、邓小平理论、"三个代表"重要思想、科学发展观和习近平新时代中国特色社会主义思想为指导，坚持辩证唯物主义和历史唯物主义的立场、观点和方法，遵循解放思想、实事求是、与时俱进、存真求实的总要求，全面、客观、真实、系统地反映兴义市茶产业发展的历史、现状和发展方向。

二、**遵循写作要求**：在述、记、志、传、图片、表、附录诸体中，以记为主。横分门类，纵向记述，述而不论，寓论于述；生不立传，以事系人。行文力求朴实、简练、流畅。

三、**时间断限**：上限追溯至事物发端，下限至2020年。

四、**茶书结构**：设章、节，运用述、记、志、传、图、表、录等体裁，以记述为主。重要论文按发表时间先后排列，奖项按获奖时间先后排列。人物简介按历史先后顺序排列，略古详今。

五、**语言文体、图片**：统一使用规范汉字及现代语体文记述体。行文朴实、严谨、简洁、流畅、优美，具有较强的可读性；图片选择具有行业或相关领域代表性的高清图片，具有较高的可视性。

六、**纪年**："中华民国"以前的纪年，先书历史纪年，其后括注公元纪年；建国后使用公元纪年。根据兴义市实际，1949年10月1日以前称"中华人民共和国成立前"，同年12月13日建立兴义县解放委员会之日起称"中华人民共和国成立后"。1988年3月以前统称兴义县，1988年3月后称兴义市。

七、**数字、计量单位、标点符号**：遵循国家标准和出版规定，全书数字书写以GB/T 15835—2011《出版物上数字用法》为准。计量单位参照《中华人民共和国法定计量单位》和《中华人民共和国法定计量单位使用方法》执行。引用书名和项目名称可用亩、万亩。使用标点符号以GB/T 15834—2011《标点符号用法》为准。

八、**称谓**：记事以第三人称记述。人名直书姓名，必要时冠以职务职称。地名以现行标准地名为准。如使用历史地名，首次出现时括注现行地名。各个历史时期的党派、团体、组织、机构、职务等均以当时名称为准。

九、数据以统计局年报数为准，统计局未提供的则以行业数据为准。

十、本书资料来源于各相关单位提供的历史文献、档案、书籍、报刊、相关编纂单位提供的图片、资料、微信、视频等。

目 录

鄭漢祖塋坐壬安鳳山下

切念天地生人身有親而根有祖乾坤化育

水有源而水有根傷哉慎終送手遠鄭氏

祖基又據奏焉

皇清國四川珍州嘉慶五年遷出於老林寅

居，帶來糧種菜果銀子等在此繁衍生息，

佛設供焚香炳炬峰經礼恤祀。

天答地修資除灵孝男鄭光鶴遙光二十五

榮陽郡

……祖妣俱葬正安土坝庙堂

係丙子年經翰林院鄭文遇讀族包砌精立華

表清理巳又百餘年也

遠祖鄭遇春葬正安古鳳二頸上正大堂正脈州城在

鄭碉祖葬正安廖參用牛角上下

兴义茶文化源远流长。从考古发现来看，以兴义猫猫洞为代表的古遗址发掘和以万屯老坟山汉晋墓群出土的碗、陶杯、陶壶、双耳杯，证明远古时期就有人类在兴义开创历史文明；也证明了周、战国至秦汉时期的先人在兴义创造了灿烂的茶文化。

本章粗线条介绍了兴义茶的起源与发展历程、茶产业对兴义发展的历史贡献等。包括古代、近代、当代茶事、最早的茶文物、茶马古道、古茶树等在兴义的分布、茶叶种植历史记载及其茶的历史贡献等。

第一节　兴义茶起源与发展

一、古代茶事

兴义市，汉属牂牁郡所领宛温县地。蜀汉分牂牁郡置兴古郡，宛温县属兴古。晋时，于宛温县之东北置温江县，属西平郡，温江县于今县地更贴近。刘宋承之，南齐改曰暖江县。延及梁、陈，属郡如旧。隋在管外。唐武德四年（621年），置附唐县，并置西平州。贞观八年（634年），改西平州曰盘州，附唐县为州治，即今县地。入宋荒废。元为普安路黄草坝地，未有建置。明永乐十一年（1413年），废普安安抚司土官，置普安州流官。清雍正五年（1727年），增设普安州判于黄草坝。乾隆十三年（1748年），建普安州判石城。嘉庆二年（1797年），平定仲苗，裁普安州判，置兴义县治黄草坝，属兴义府。十三年（1808年），县人卢世昌、刘九州、孟洪等增修县城。十四年（1809年），升普安州为普安置隶州，拨兴义县属之。十六年（1811年），还属兴义府。同治七年（1868年），在籍知府刘官礼、游击刘官德改建县城。民国相沿无改。新中国成立后相沿为兴义县，1987年11月6日，经国务院批准，兴义撤县建市（县级市）。

《尔雅·释木》云："槚，苦荼。"郭璞的《尔雅注》曰："树小如栀子，冬生叶，可煮为羹……蜀人，名之苦荼。"《十三经注疏》曰："槚，一名苦荼……今呼早采者为荼，晚取者为茗。一名荈，蜀人，名之苦荼。"唐朝陆羽《茶经 卷上："一之源"》记载："茶者，南方之嘉木也。一尺、二尺乃至数十尺；其巴山峡川有两人合抱者。"据考证，文中的巴山峡川泛指当时南方的四川一带，而当时贵州尚未建省，兴义应属陆羽《茶经》记载产茶的南方区域范围之内。

茶树，属山茶科山茶属。山茶科植物共有23属380余种，主要分布亚洲的亚热带和热带。我国有15属260余种，大部分分布在云南、广西、广东、贵州北纬25°线两侧。就山茶属来说，已发现100多种，我国西南地区就有60多种，而且还在不断发现中。

苏联乌鲁夫在他的《历史植物地理学》中说："许多属的起源中心在某一个地区的集

图1-1　至今遗存的七舍老林茶园（郑维志摄）　　　图1-2　兴义最早记载茶叶种植的
七舍镇老林郑氏族谱增页（罗德江摄）

中，指出了这一个植物区系的发源中心。"由于山茶科植物目前在我国西南地区的大量集中，可以说，我国西南地区是山茶科植物，也是山茶属植物的发源地。

兴义是茶的起源地之一，也是茶的故乡。闻名于世的"茶籽化石"距兴义市约80km。目前在兴义市海拔800~2000m的地区大都有野生古茶树资源群落零星生长分布。

据《贵州通志·土司土民志》载："元明以来，兴义府各属有白保罗，婚姻以牛马为聘，死者择地盖高栅，名曰'翁车'，亲戚以牛酒致祭哭泣之，哀吊者，各率子弟执竹围绕。性顽梗，嗜酒，尚畏法，以贩茶为业。"《滇黔纪游》（清代陈鼎撰）亦记载："去府西南之四十余里，捧乍亲辖之革上，产茶。"据考证，古籍中所记载的"革上"就是今天七舍镇所辖的革上村。《兴义府志》，在其卷四十三《物产志·土产》，就有明确记载："苦茶，全郡皆产，味极苦。"又据《兴义府志》记载："按茶，产府亲辖境之北乡，屯脚诸处，即毛尖茶是也，至苦茶，则全郡皆产。"书里非常明确地告诉人们，兴义不仅自古产茶，品种丰富，且分布在全市不同的海拔区域。据民国《兴义县志》记载："饮食服饰既简朴，饮食自不能奢华。惟城区饮食较为考究，每日早晚膳后，呼朋引类到茶馆酒店畅饮。无论贫富，皆有此习"。"经济林茶科有油茶、茶叶两种"。在《黔西南布依族苗族自治州·农业畜牧志》中，也有兴义市七舍地区分布着许多古老大茶树的记载（图1-1）。据七舍镇鲁坎村老林组《郑氏族谱》增页记载（图1-2）："皇清国四川珍州嘉庆五年（1800年）迁出于老林定居，带来粮种茶果银子等在此繁衍生息。"

二、近代茶事

（一）兴义种茶史

兴义市七舍镇鲁坎村现存始建于嘉庆五年（1800年）的连片古茶园100亩[①]，至今已成园220多年；猪场坪乡丫口寨村晚清古茶园10亩，距今已有150多年的历史。整个茶

————————————

① 1 亩 =1/15hm²。

园古朴、沧桑，是兴义现代保存比较完整的古茶园，该茶园的首创者相传为猪场坪乡丫口寨村鱼塘组吕金鼎（1864—1943年）。

由此可见，兴义七舍地区的茶叶种植与制茶历史，早在清朝初期就已开始，兴义种茶历史已有220多年。

至道光十五年（1835年），伴随着境内鸦片的种植，产量销量增多，兴义府境内有"号""堂""行"等店铺80余家，仅府城（今安龙县城）有"聚生号""回春堂""裕兴行"等42家。一些外省商帮也涌进兴义府及境内的贞丰、兴义等州、县设"两湖""江西""云南""四川""福建"等会馆40余处，广泛开展商品交易活动，推销棉花、棉纱、棉布、烟丝及京、广杂货，购进鸦片及茶等农副土特产品运销省外，农村集市贸易亦有所发展。

道光二十年（1840年），鸦片战争爆发后，随着贞丰的白层、安龙的坡脚、册亭的八渡、兴义的巴结等渡口通道的开通，以及黔、滇驿道的整治，沟通了黔、滇、桂三省的商业贸易。兴义府"远通羊城，近达象郡，商贾辐辏，货物拼臻"。同时，"洋货"（纱、布、煤油及日用百货）从广西线（英、日货）、云南线（法国货）大量输入倾销。兴义、新城（今兴仁）已成为棉布产地和百货交换市场，四川、湖北等地商人贩运棉花到此销售，买回白铅、鸦片等以牟高利，商业较为繁荣。咸丰年间，兴义黄草坝已成为贵州第二大"洋纱"销售市场。光绪二十九年（1903），兴义府境内有各种商号、行113家。黄草坝（今兴义）成为黔、滇、桂三省接壤地区的物资集散地，每场期进出运输商品的马匹多达2000余匹，交易商品主要有当地的茶、酒、盐和土特产等。

据当地吕洪勇（93岁）、陈德珍（91岁）、魏元香（85岁）等老人回忆："猪场坪乡是兴义目前记载最早种茶及进行茶叶贸易的地方之一。吕金鼎秀才（清代）种植茶园规模宏大，茶叶品质优良，每到产茶时节必定引来四方茶商争相购买，茶叶贸易盛极一时……"

清道光《兴义府志》载："郡境场市皆有定期，至期，百货云集。"集市以十二属相排列，场期有3天、6天不等。清末至民国初，境内盛产鸦片（俗称大烟），以兴义黄草坝为集散地，外省客商以棉纱、百货、布匹等运入，换取鸦片、茶等运出，集市贸易比较"繁荣"。

（二）兴义古井与茶馆

贵州兴义，系贵州省黔西南布依族苗族自治州州府所在地，为滇、黔、桂三省（区）结合部，西与云南省富源、罗平两县相交，南隔万峰湖与广西壮族自治区西林、隆林两县相连，是黔西南州政治、经济、文化、物流中心，是滇、黔、桂三省（区）结合部的中心城市，同时也是西南地区重要的交通枢纽和出海通道，素有"三省通衢""西南屏障"之称。兴义市老城区现为黄草街道办事处。

关于兴义县城（黄草坝）地名的来源，较为流传的有两种：一是明洪武十四年（1381年），朱元璋一声令下，颍川侯傅友德领兵30万人，踏进大西南，征讨云贵。明洪武十六年（1383年），傅友德命黄昱（字公鼎）为黄坪营长，该营设在今兴义县域东南。黄公鼎将生产黄草的黄坪营称为黄草坝；二是明天启三年（1623年），因境内生产名贵中药金钗石斛（俗名黄草）而得名。

查阅《兴义府志》，黄草坝这一名称最早出现在《徐霞客游记》中。徐霞客（1587—1641年），名弘祖，字振之，号霞客。我国著名的地理学家、旅行家、探险家和文学家。他在崇祯十一年（1638年8月28日），从云南重返贵州完成了追踪南盘江的考察，由江底寨行至黄草坝，"其上室庐累累，是为黄草坝……""竟日守雨"，才有暇坐下来整理他的研究心理，写就了十条札记，内容涉及地理、历史、时政诸方面，思想深刻，结论精辟。这些札记涉及黄草坝的内容较多，是有关兴义历史的最早专题记录，具有很高的史料价值。在普安十二营中，"钱赋之数则推黄草坝"为首，"其田塍中辟，道路四达，人员颇集，可建一县"。

徐霞客先生这一颇具战略家眼光的建议，直到160年后的清嘉庆三年（1798年），才重置兴义县于黄草坝。

清乾隆十三年三月初七（1748年4月22日），在黄草坝修建石城墙，以5m宽的十字街为主，是现在老城街的雏形；围着十字街（现街心花园）布置有2~3m的街道3条、巷子2条，合围成一圈的城墙设东西南北4个主城门和小西门，以连接城外驿道。城内有6条街道，分别为杨柳街、宣化街、川祖街、铁匠街、兴源街、豆芽街，名称一直沿用至今。

兴义城区建设，围绕黄草坝不断拓展。兴义临近解放的1949年，城区面积仅为0.9km²。兴义城市建设的快速发展，是改革开放后的事。从清嘉庆三年置兴义县于黄草坝，至2012年底，历经两百余年发展，兴义城市建成区面积（含顶效9.2km²）已扩展到45km²，为解放初期的50余倍，市区常住人口30万余人，城市化率48%。

兴义市属典型的喀斯特地形地貌，岩溶发育，溪流纵横，雨量充沛，地下水比较丰富，泉水流量1L/s以上的有13处。如处兴义老城上游的木贾龙泉，海拔1290m，泉水由白云岩石洞内涌出，洞口呈半圆形，高0.5m，宽0.65m，泉流量25.5L/s，水质甘甜，水温21℃。原县第一酒厂用此泉水生产名酒"贵州醇""兴义窖"。

从清朝至民国时期黄草坝城内有水井20多口，其中4口为名泉。花水河（现称湾塘河）自西向东穿城而过，水源丰富，掘数尺即可成井。清末民初的兴义城区饮用水源有沙井街的冒沙井，向阳路的牛角井、四方井，市府路的双包井，城南的梅家井，笔架山的龙潭车家井，花桥河井（俗称姑娘井），水口庙吊井等10余口井。其中，以冒沙井、梅家井水质最好，且水量大。城区居民用水主要靠人挑、抬。住花水河沿岸的居民、商铺、马店、机关基本饮用湾塘河水，有的贫民以挑水沿街叫卖为业，是故，在老城区光滑的青石板路上，每天清晨和黄昏，挑水户们成群结队挑着井水沿街叫卖，成为一道独特的景观。

据老城居民吴万康、吴忠辉、吴忠纯3位老人追溯，兴义老城区以现街心花园（亦称场坝）为中心，多条街道里面散布着多家茶馆，如铁匠街的吴家茶馆，豆芽街的刘家茶馆，宣化街的徐家茶馆，湖南街的蔡家茶馆四家大茶馆等，其中又数吴家茶馆名气最大，经营最盛，门庭若市。精洁茶馆（俗称吴家茶馆），茶品精选香片、沱茶、砖茶和兴义本地古茶树茶叶。泡茶用水首选冒沙井井水，生活用水选用湾塘河水。茶客根据人数及爱好可选十铜钱一大壶或五铜钱一小壶、三铜钱一盖碗等，并可另选茶点下茶。客人一边喝茶吃茶点，一边闭目听说书。

三、当代茶事

据资料记载：中华人民共和国成立前，兴义县内有零星茶树分散种植在林旁、沟边地角和房前屋后。中华人民共和国建国初期，县内仅有零星分散茶树种植，多为农民自种自用，进入市场出售者极少，商品率极低（图1-3）。

图1-3 20世纪70年代用种子（有性繁殖）种植的清水河洛者老茶园（编纂组提供）

第二节　兴义茶重要历史贡献

一、最早的茶文物——民国时期茶具

兴义早期的茶文物，主要是民国时期保存下来的铜制煮茶壶和瓷器泡茶壶（图1-4、图1-5）。代表性茶具有民国时期保存下来的，兴义下五屯刘氏家族铜制煮茶壶和泥凼何应钦先生故居的陶瓷泡茶壶。

陶窑在万屯汉墓24号探方的东南角，开口在第三层下。因窑顶塌毁，窑室后部扰乱破坏严重，整体形制、结构不甚清楚。古墓遗址里出土的陶器600余件。绝大部分为残件或仅能辨出器形的陶片，完整器极少。质地以夹砂陶为主，约占98%，其余为泥质陶。夹砂陶又分夹粗砂和夹细砂两种，前者器形主要是釜、罐、豆、碗，后者多是小罐和杯等。

图1-4 铜制煮茶壶（周鸣蓉供图）　　　图1-5 陶瓷与竹制茶罐（左周鸣蓉供图、右郎元兴摄）

图1-6 民国时期粉彩手绘茶盏（罗德江摄）　　图1-7 雕花木制茶盘（现存于
王伯群故居、郎元兴摄）

　　1974年，兴义地区商业局把恢复发展少数民族特需商品生产和销售，提高到落实党的民族政策、加强民族团结的高度。从经营业务上，针对民族商品的地方特色，配合兴义地区轻工业局落实生产加工计划，由兴义县文化用品综合社加工生产铝茶壶等。

　　兴义民间陶瓷茶器很多（图1-6、图1-7），大部分出处为白碗窑镇的陶瓷厂（古龙窑），并以白碗窑生产的瓷器为代表。

二、茶马古道

（一）贵州茶马古道历史沿革

　　"茶马古道"兴起于唐代，是以马帮骡马运输为主要方式，以茶马互市为主要特征，用茶与途径地及目的地进行马、骡、羊毛、药材等商品交换为目的的重要运输通道。在中国的范围主要包括滇、藏、川三大区域，外围延伸到贵州、广西、湖南等省区，国外直接抵达印度、尼泊尔、锡金、不丹和东南亚的缅甸、越南、老挝、泰国等国家，以及南亚、西亚等地。

　　"茶马古道"贵州段，主要为贡茶古道之一。或从云南南部经思茅、大理、楚雄到昆明、曲靖，经平彝（富源）胜境关进入贵州，沿滇黔驿道、楚黔驿道后经湖南至京城（现北京），人们将此道称为"皇家贡道"，也是商旅的通京大道。或从云南曲靖、宣慰（现宣威）进入贵州威宁、经赫章、毕节入四川叙永，此道为川滇黔驿道，开凿于秦汉时期，线路变化复杂。也有自毕节经瓢儿井、马路、清池后沿赤水河，经旱路或水路到内地的，商旅多行。

"茶马古道"贵州段，还包括始于南宋的买马古道。该道由广西经贵州册亨、望谟、安龙，或由兴义向南进入云南，或绕行普安再西行进入云南，经昆明再到楚雄、大理。

贵州本身出产马，是中原向边疆买马的市场之一。贵州所产马匹属西南山地型，是国内主要的马品种，定名为"贵州马"。在当时，贵州也是"市马"的重要场所。

明代大量需要军马，贵州为此做出了贡献。据《明实录》记载："洪武十七年五月辛丑，定茶、盐、布匹易马之数，乌撒（即今贵州威宁一带）岁易马六千五百匹。马一匹，给布三十匹，或茶一百斤，盐如之"。明清以来，马市交易在贵州很繁盛，如安顺县、关岭县的花江、贵阳市的花溪、黔西县的钟山，黔南的独山县和黔西南等均是牲畜集散市

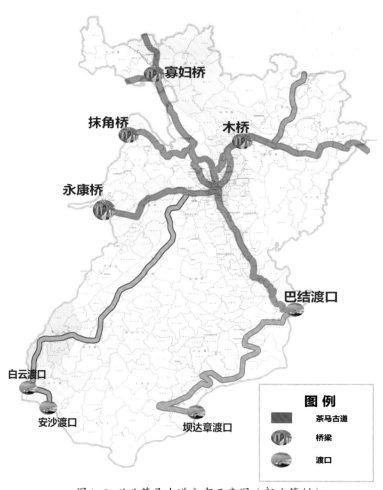

图1-8 兴义茶马古道分布示意图（郎应策制）

场，并以出售牛马为主，对扩大贵州马的分布起着关键的作用。由于对贵州马的需求量大，养马经济收入颇丰，大大刺激了山民踊跃养马。因此，在贵州境内不少贩马线和牧马线最终形成了民间商道。

贵州高原不但产马还产茶。全省87个县市区有84个出产茶叶。古代贵州大部分属四川、云南管辖，所产茶叶被称为"川茶""滇茶"，是向"西番"购买马匹的主要物资。《明实录》有"命户部于四川、重庆、保宁三府及播州宣慰使司（即今贵州省遵义市大部及黔南、黔东南自治州一部），置茶仓四所贮茶，以待客商纳米中买及与西番商人易马，各设官以掌之。"等记载。出于买马的特殊需要，在一定程度上也刺激了茶叶生产的发展，贵州因此成为茶马交易的重要场所之一。

各省商人和民间马帮利用川黔滇驿道、川黔驿道、滇黔驿道、楚黔驿道、"龙场九驿"等官道和其他商道，既贩牧贵州马，又进行茶叶的采集、运输。官方则大量收购储藏茶叶，以备易马的同时易茶。各省商人和民间马帮还将贵州的茶叶、药材等土产远销外地，同时将贵州所需食盐、缯帛等源源运入，促进了商贸的发展。贵州"茶马互市"繁荣异常。

茶马古道贵州段，含市马道、乌沙古道（含"江底古渡口、永康桥、马店及其他文物遗迹"）马岭古道（含"木桥"）三段，其中乌沙、马岭两段是目前兴义市境内保存最完好的两段茶马古道（图1-8）。

（二）市马道

现存滇黔古道兴义段从白碗窑镇甲马石村至万屯镇佐舍村一线，全长约60km的古道，途经乌沙镇、白碗窑镇、坪东街道、黄草街道、桔山街道、马岭镇、顶效镇、郑屯镇、鲁屯镇、万屯镇等乡镇，由西向东贯穿全境，这条古道始建于自杞国前后。明清时期成为广西泗城府至云南曲靖府的交通要道，从泗城府将众多马匹转运至云南。

古道多建于自然岩石地段，有的地方用石料铺设，宽0.5~1.2m。现兴义古道已被分隔为数十段，其中白碗窑镇大水井村、坪东街道洒金村、马岭木桥、鲁屯镇七一村等路段保存较为完好（图1-9）。该古道为清代兴义地区最重要的交通干道之一，为滇马、川马、滇铜、川盐等物资的转运做出了巨大贡献。民国以前，县内运输、宣府送递公文均走驿道。据《兴义古道考》记载：主要驿道有6条，全长1079km。通

图1-9 修复后的鲁屯茶马古道段（郎应策摄）

行路线主要如下：

由县城向东北：木桥至顶效塘（今顶效镇），至万屯，经新城（今兴仁）、关岭、镇宁、安顺、平坝、清镇抵贵阳，共360km。

由县城向东：从幺塘至木桥，到顶效塘，经郑屯，龙广抵兴义府（今安龙），共97.5km。

由县城向南：洒金塘至马格闹塘，到革上汛，捧乍城，经白云屯汛（临三江口），到瑞安厦（沙）塘，共105km。隔江（南盘江）对岸即广西西隆州古障甲之马蚌寨。

由县城向东南：从奄（安）章塘，巴结塘，经板七（舍）塘，20km坝达章塘，共85km，临南盘江。对岸是广西西隆州巴结甲秧梭寨。

由县城向西：30km江底汛。经云南罗平、师宗、马街、宜良抵昆明，共349km；入滇之道不一，有由县城经乌沙过抹角桥到罗平。

由县城向西北：15km枫塘，15km威舍与盘县交界，共32.5km。

县内乡间驿道26条，共459km：县城至崇仁（安章）20km，县城至永安（丰都）8km，安贞（橘园）至永安10km，安贞至那坡4km，安贞至响水2km，崇仁黄泥堡（山堡）至纳灰8km，县城至花月5km，县城至泥凼45km，永安至赵家渡12km，泥凼至箐口40km，泥凼至仓更35km，县城至发玉60km，捧乍至田弯20km，乌沙青云村（营脚）至仁里（革里）5km，马岭至品甸20km，马岭黄葛树至安贞5km，郑屯至鲁屯10km，鲁屯至万屯13km，三家寨至坡岗10km，万屯至兴化15km，坡岗至赵家渡15km，七舍至佳克20km，另有堡道27条，共85km。驿道一般只有1.0~0.2m宽，路途异常凶险。《兴义风物之文物古迹》现市道大多因城镇建设等原因损毁。

（三）马岭古道（含"木桥"）段历史沿革

马岭古道（含"木桥"）段，西起马岭街道光明村下那白寨，东至马岭街道团结村黄桷树寨，全长1.719km，宽1.3~2.4m，其中木桥两端上坡部分较宽，西侧水平距离129m、东侧水平距离98m范围内，古道宽达仅0.6m（图1-10）。古道铺设方法为部分零星地段利用自然岩石，其余部分选用当地料石，选择一个较为平整的面作为顶面，其余部分不加工，根据石料形状挖坑嵌入地面。石料顶部看面规格为：140mm×90mm~460mm×310mm，2.4m；其余部分古

图1-10 兴义马岭古道（含"木桥"）及东北端古道（罗德江摄）

道宽约1.3m，极少段部分特殊地段（因地形）古道宽古道出土高度根据地形为0~36mm不等。部分地段因各种原因，古道铺石佚失。

木桥西南端连接木桥的古道沿陡峭岸坡向中通往峡谷岸坡顶部，由于是坡陡且雨季时山水冲刷严重，因此古道两侧原设计有排水沟，并在古道转折部位将山水排泄入河谷，避免了山水冲向木桥。此段排水沟总长230m，全段存在覆土覆盖、杂草阻塞状况。此段古道在岸坡顶坡向西北转折后，古道沿线坡度趋于平缓，受山水冲击减弱，但有两条小型冲沟近垂直方向穿过古道。其中距古道西侧起点大榕树94m处一条冲沟经过古道，村民直接在古道上开挖沟渠过水，此处古道过水冲沟，上下两侧均需清理，以保证雨季排水，长度60m；距大榕树197m处一条冲沟较大，村民不但在古道上开挖过水沟渠，并且在沟渠上铺1.6m长水泥板便于人畜通行，此处冲沟需清理50m，以保证雨季排水。连接木桥东北端的古道，除近桥部位峡谷岸坡陡峭，山水冲刷严重（因此原设计有过水涵洞）外，其余地段坡度相对平缓，山水冲刷弱，未见特别的排水沟等排水设施。此外，连接木桥东北端的峡谷东岸部分古道本身就处于传统的农业耕种坡地之间，由于现代公路的建成，此部分古道交通功能极大降低，村民不但不进行养护，还在进行农业耕种时不断破坏，致使许多路段古道铺石佚失。

马岭古道（含"木桥"）段因桥得名，据史料记载，木桥始建时间为康熙年间，后毁，唯存石基。道光年间，知县汪自珍捐建续修，易名纳福桥，俗称"木桥"。咸丰三年（1853年），知县胡霖澍改建为一孔两洞石拱桥，为"县城达府之捷径"，后再毁。光绪癸巳年（1893年），邑绅刘统之倡复修该桥，现民间仍沿称"木桥"。木桥东北—西南向，长46m，宽4.3m，中孔净跨18m，矢高9m，南、北桥肩孔洞为泄洪孔，直径3m。桥面用青石板铺墁，两侧用条石作护栏，高0.6m，厚0.2m。桥东北端东侧竖有建桥碑，南侧200m处存残碉楼遗址一处。桥两端存驿道300余米，东北端驿道处有两处青石券拱过水涵洞。木桥及两岸驿道保存基本完好，桥东北端西侧桥面垮塌，垮塌部位长3.5m，宽2.5m。

该桥及周边驿道自明清以来为连通马岭河东西两岸的要道，也是茶马古道之滇黔古道兴义段的桥梁驿道，木桥两岸近5km的古驿道是目前兴义市境内保存最好的一段。

木桥还是当时兴义县六条主要驿道中最重要的交通节点，是县城通往贵阳、兴义二府的必经之地。《兴义古道考》载：由县城向东北：12.5km纳福桥（木桥），12.5km顶效塘（今顶效镇），10km万屯，经新城（今兴仁市）、关岭、镇宁、安顺、平坝、清镇抵贵阳，共360km；由县城向东：7.5km幺塘，5km纳福桥（木桥），12.5km顶效塘，10km郑屯，经龙广抵兴义府（今安龙县），共97.5km。

马岭古道（含"木桥"）。清初至民国时期，木桥几圮几建，该段古道也时通时断，但在当时，是滇黔桂三省边界马匹、药材、漆、铜、丹砂等物资转运最便捷通道，亦是交流沟通三省经济、文化的重要纽带。木桥所在马岭河属深邃嶂谷型峡谷，两岩崖壁陡峭近于直立，而木桥本身跨度达20.7m，修建难度较大，本身就是不可多得的岩溶山地地区峡谷地貌桥梁建筑研究实物资料。此外，木桥东北端引桥与山体交界部位，以及沿该部位往上，修建该桥时，设计者还根据雨量情况，结合实际地形地貌，从木桥与山体交界处开始，设置了涵洞—明渠相间的防治山洪的导水设施，其设计充分考虑了岩溶山地峡谷地貌对桥梁本体有害自然条件的排除，精心而合理。木桥及附属设施，科学价值不言而喻。

马岭古道（含"木桥"）段距兴义市区距离仅5km，随着城市化建设的推进，距离会进一步拉近。同时，该古道段位于国家级风景名胜区"兴义马岭河峡谷景区"之内，无论从自然风光还是历史价值来看，都必将成为一道有人文内涵的风景线，并且能够为当前兴起的户外运动活动提供一条理想的徒步线路。因此，在文物保护宣传、历史文物研究及有效利用方面，茶马古道·贵州段·马岭古道（含"木桥"）段具备特有的社会价值。

1984年，兴义县人民政府公布木桥为县级文物保护单位。

新中国成立后，木桥沿用，至1994年，现马岭河峡谷公路桥（木桥下游）建成，除当地村民生产生活外，木桥虽然基本弃用，但仍然保存完整结构，给兴义人民留下了一处不可复制的历史遗迹。

2007年第三次全国文物普查开始后，木桥随兴义古道被列入茶马古道贵州段。

2013年3月，国务院公布该茶马古道为全国重点文物保护单位，木桥成为国保单位之中的一部分。

（四）岔江渡段

岔江渡是兴义境内茶马古道的重要起点，古渡口遗址通往河边有25级台阶，宽约3m，3匹马并行无碍。渡口在嘉庆十二年由知县陈熙主持重修，附近各寨及抚州商人参与义筹，为了对来往驮马及行人不收取分文，用以解决每年对大小船只进行修缮、船夫的赡养等问题，当时抚州商民还捐钱购买了义田，将田租作为开支。购买的义田当时属于云南，位于河对岸的车湾、犀牛塘、岔江，因为兴义的江西商人购买，因此在20世纪40年代初划界时被划入了兴义辖区，这样，兴义的辖区就像一把细长的钥匙沿着九河谷往西伸进云南罗平县，宽不过数百米，后人称这些地段为"滇黔锁钥"。南宋以来，兴义就是广西泗城府与云南曲靖府经济贸易往来的重要通道，也是川滇两省茶叶、马匹、食盐转运两广的重要通道，又是西南地区移民东南亚的重要走廊。江底古渡口及石碑的发现，使之与马岭木桥、鲁屯成为茶马古道兴义段的三个重要节点。

据著名地理学家、旅行家徐弘祖（徐霞客）在明崇祯十一年（1638年）八月考察盘江流域时，在其《滇游日记·黄草坝札记》里就明确记载了乌沙江底古渡口及相连古道的存在。"……若溪渡之险，莫如江底，崖削九天，堑嵌九地，盘江朋圃（今云南弥勒市南境）之渡，皆莫及焉。"足见岔江渡口之险要。在岔江的老百姓口中，至今流传着一首马帮歌谣："水急滩险一叶舟，马帮人聚困渡口。笑问船家何时渡？需待明日客无留。"足以说明当年这里热闹的景象。陈熙撰有《江底官渡记》，如下：

县治之西南有江底河焉。汇平夷（今云南省富源县）、罗平之水于滇粤黔相通之要道。岸阔教十丈，奔流迅急，春夏之交，时雨大至，弥漫无涯。昔建铁索桥，旋即漂没。而徒杠与梁，鸠工匪易，爰藉舟楫之利，以济不通，而渡船于是乎设也。昔者黔之普安、滇之罗平二州，各设渡船。自嘉庆二年（1797）苗匪不靖，普安渡船被焚无存。改建兴义县以来，阙焉未设，仅有罗平一船，操舟者居奇垄断，一壶千金，行旅苦之。丁卯春（1807年，嘉庆十二年），余代庖斯邑，目击情形，为之于邑。考《周官》之制，合方氏掌达天下之道路；司险掌九州之图，以周知其川泽之阻。然则泽无陂障，川无舟梁，非民与商之事，而为政者之责也。兴义为新开苗疆，兵燹之后，百废未举，凡文庙坛壝，以及养济，义冢诸要务，规制阙如。余不敢存五日京兆之见、次第勉行，其有病民涉者，何可废而不兴？爰捐薄俸，设立大渡船一、救生小船二，以济往来而拯溺。然事贵善成，功期永济，使司舟无恒产，则苛索，救人无赏，则无力。况舟楫易坏，而岁修之资，必当虑及亟思，劝谕商民，设立公田，为官渡永远计。乃有江右抚州之民商于兴者，欣然起曰："公田一役，我抚州一郡之民，可独任也。"并寓书其乡之商于兴者，亦皆乐从，输将恐后。阅五月而获数百金，买岸侧一庄，作为渡夫养膳之产，俾得俯仰有资，永杜勒索之弊。此外，并捐亲田，用以奖拯溺，勤修草焉。

夫抚民，非居是邦者也，亦非朝夕恒经此渡者，乃不分畛域，不惜资财，不假众力而踊成美举。其协力急公，勇于为善，济人利物之功，顾不伟欤？嗟乎！世人往往守杨氏为我之说，损益得失，筹之唯恐不审，问有舍己助人，慷慨任事者谁耶？使皆以抚民之心为心，则凡山泽之险阻者，以人力补救而弥缝之，亦何险之不可平，何阻之不可通也哉？余故历叙之，而勒其姓氏于石，以志不忘云。

（五）乌沙古道（含"江底古渡口、永康桥、马店及沿途历史建筑"）段

地跨兴义市乌沙、白碗窑两镇，现遗存文物保护单位永康桥、江底古渡口、马店、均处于乌沙镇境内。作为茶马古道兴义段不可或缺的一部分，古道在贵州古道中扮演了十分重要的角色（图1-11）。

永康桥又名江底桥，位于城西30km处乌沙镇岔江村江底组，横跨于滇黔两省界河江底河（即黄泥河）上，为连接云贵两省的重要交通干道，南岸为贵州省兴义市乌沙镇地界，北岸为云南省富源县中山乡地界。清代至民国，历来为兵家必争之地，桥岸贵州段设有驿站栅子门关卡，桥岸云南段设有碉楼，两端驿道均连通村寨和公路，为骡马及人行桥。

图1-11 乌沙岔江渡段遗存的
茶马古道（费伦敏摄）

江底河两岸峭崖耸峙，水流湍急，驿道陡险，历为滇、黔、桂商贾要道，原以舟楫为渡。明崇祯十一年（1638年），徐霞客考察南盘江源时，即经此渡江入黄草坝。据咸丰《兴义府志》载："嘉庆丁卯年（1807）兴义知府陈熙设官渡，撰有《江底官渡记》叙其事。由于江底河又是滇黔两省商贾往来的必经之道"，故刘显潜于1918—1920年任贵州省游击军总司令时用军费5万银圆，加上乡绅捐资，在江底河上建成永康桥（桥名原因有二：一是因刘显潜为兴义下五屯永康堡刘氏后人，二是永康意为永远平安健康，百姓不再为过河之事困扰）。永康桥，东北—西南向，依山势用青石砌筑三孔石拱桥，桥面青石铺墁。全长79.2m、高42m、宽6.74m，中孔净跨24.6m，东北孔净跨9.4m，西南孔净跨9.8m，矢高10.6m。桥面石墩护栏，踏垛式人行道东西各10级，每级高0.09m，桥面中心护栏外侧，各置于精心雕刻有"龙头"吞口，有"龙王"镇邪之意（图1-12）。永康桥所跨黄泥河东、西两岸各存驿道一段，东岸驿道边有"滇黔锁钥"和"桥成纪念"摩崖各一方（图1-13），"建桥碑记"和"建桥叙碑"各一通，还保存跨驿道石砌门洞一处，西岸山坡近顶部保存石砌碉楼一处。

图1-12 乌沙古道（含江底古渡口、永康桥）
（编纂组摄）

图1-13 刘显潜题"滇黔锁钥"摩崖
（文体广旅局供图）

从该处有贵州通往云南的古渡口，两岸均有驿站，至清代贵州境内设有江防栅子门，云南境内设有碉楼。驿道为清代广西泗城府至云南曲靖府交通要道，众多马匹、茶叶、瓷器、食盐等物资通过古驿道运送。永康桥段建于自然岩石地段，部分路段用石料铺墁，宽0.5~1.2m，是清代兴义地区最重要交通干道之一。它是研究民国时期兴义经济、文化、军事的重要资料。永康桥的建成促进了云贵两省商贸与文化交流，加速了经济繁荣。

古道、永康桥、江底古渡口等是当时兴义通往云南的必经之地。《兴义古道考》载：由县城向西：30km江底汛。经云南罗平、师宗、马街、宜良抵昆明，共349km。

1987年12月，兴义县人民政府公布永康桥为县级文物保护单位。

2015年5月，贵州省人民政府公布兴义永康桥为第五批贵州省重点文物保护单位。新江底寨马店、古驿道等为永康桥附属文物。

（六）茶马古道·贵州段·乌沙古道（含"江底古渡口、永康桥、马店及沿途历史建筑"）段价值评估

1. 历史跨度大，历史资料记载清晰，构成文物遗存众多，历史信息量丰富，具备极高的历史价值

徐霞客在其《滇游日记·黄草坝札记》里就明确记载了乌沙江底古渡口及其沿古道直至黄草坝（今兴义市区，下同）的见闻，其录述清晰，途经地名与今基本相符。至明末，南明永历政权退守云南时，在贵州的最后一个堡垒即为黄草坝（现兴义市城区）；时至清初"三藩之乱"，吴三桂亡故之后，其余部战败，退入云南之前的最后一个堡垒亦是黄草坝。此二次重要历史事件，史料记载翔实。兴义乌沙段古道，即为当时最重要的交通干道。而新江底寨马店、永康桥等为民国初期修建，除交通设施修建而外，最重要一条原因是滇、黔军阀合流，为滇黔军事调动顺畅而实施。

2. 研究西南地区历史上交通发展的重要线路，同时也是研究地方历史生产、生活的重要实物

兴义自古为黔、滇、桂三省结合部重要交通枢纽，是三省边界马匹、药材、漆、铜、丹砂等物资转运最便捷通道，亦是交流沟通三省经济、文化的重要纽带。现遗存文物保护单位永康桥、兴义古道—江底老渡口段、滇黔锁钥等。兴义作为三省（区）结合部的交通、商贸、信息枢纽及物质集散地，历史上所谓的"滇铜、川盐、吴绸、粤棉"均在这里集散，马帮运输成为当时重要的物资输送形式之一。中华人民共和国成立之前，兴义乃至其所在的黔西南地区较为富裕的人家通过从云南马帮运输购得滇盐，使得滇盐价格比原来常食用的川盐便宜数倍，老百姓绝大部分改而食用滇盐。此段古道也能够提供丰富的资料。

3. 民族发展和变迁的研究实物

兴义市为多民族混居区域，明朝至中华人民共和国成立之间，特别是清朝末年，各级土司、土官密布，民族变迁和整合特点突出，如《黄草坝札记》之中，对古道沿途彝、汉、布依等民族记录详尽。因此，在民族历史研究方面，该段古道及沿途构成文物具备重要价值。

4. 具备建筑学研究领域的众多特点

永康桥所在黄泥河地段，嶂谷壁立，两岸崖壁陡峭近于直立，而永康桥本身长度近80m，单孔净跨即高达24.6m，修建难度极大，本身就是不可多得的岩溶山地峡谷地貌桥梁建筑研究实物资料（图1-14）。此外，其分水设计科学合理，上游迎水面的分水，极大抵消雨季时节山洪暴发时河谷狭窄地段洪水的冲击力量，科学价值不言而喻。此外，新江底寨马店功能性突出，建筑特点鲜明，类似建筑现存罕见。富有地方建筑特色。

图1-14 连接贵州云南的茶马古道永康桥
（编纂组摄）

5. 具备文化展示、合理利用的社会价值

茶马古道·贵州段·乌沙古道（含"江底古渡口、永康桥、马店及沿途历史建筑"）段距兴义市区距离仅30km，且大部分路程有高速公路相通。同时，该古道段位于风景名胜区"兴义黄泥河峡谷景区"之内，无论从自然风光还是历史价值来看，不仅能成为一条有内涵的人文线路，还能为当前兴起的户外健身运动提供一条理想的徒步线路。因此，该茶马古道在文物保护宣传、历史文物有效利用方面，都有合理的社会利用价值。

（七）新江底至白碗窑集镇古道

图1-15 兴义保存的茶马古道石马文物
（文体广旅局供图）

此段古道全长超过15km，其形制与老江底寨至新江底寨古道一致，残损类型相似，但部分古道存留情况更为完好。但也有部分由于长期弃用和农业耕种而受到一定损坏。

茶马古道贵州兴义段不仅在兴义境内几乎东西向贯通，沿途保留许多重要文化遗存，并且该路段是贵州省城贵阳、安顺府、兴义府等重要城镇西出云南的重要通道（图1-15）。

三、茶马古道上的古龙窑、石刻

（一）白碗窑陶瓷厂（古龙窑）

兴义市陶瓷茶器以白碗窑生产的茶瓷器为代表。白碗窑镇保存至今的白碗窑陶瓷厂（图1-16），在宋代已初具雏形；在宋代晚期，这一地区曾出现"村村窑火，户户陶埏"的景观。到了明、清两代，白碗窑瓷业进一步发展，"共计一坯之力，过手七十二，方克成器。其中微细节目，尚不能尽也"，由此可见，此时的制瓷手工技艺体系已经达到成熟状态。

图1-16　白碗窑（古龙窑）遗址（郎应策摄）

到清代晚期，白碗窑附近村庄几乎家家烧制瓷器，主要有茶壶、茶碗、茶杯、花盆、饭碗等。所产陶器在1932年曾获重庆市第二次国货展览会最优奖，由当时四川省省长刘湘颁发。

（二）石　刻

捧乍西南屏障石刻在兴义县城西南50km之捧乍城内。捧乍地势险峻、素有"滇桂黔锁钥"之称。清同治七年（1868年）兴义府即补知府孙清彦（字竹雅）到此巡视。书"西南屏障"四字及"后序"一则，刻石五块，嵌于城内关帝庙甬壁上（图1-17）。上盖石板作碑帽，左右用条石为边。总长7.2m、高1.7m。每字高1.27m、宽0.9m。后序碑文计12行、244字。王体行书，阴刻。刻工精细，游刃自如。孙清彦善书法，犹爱画竹。书法能博采众长，精研体势。有"随意挥洒、皆成佳构"之书家风度，继承了王羲之"字势雄强多变化"的特点。所书后序碑文，纵横驰骋，一气呵成，雄浑奇丽，端庄隽逸。在盘江八属广为流传，影响极深。序文记有回民起义事实，对研究清代贵州农民起义历史，也有一定的资料价值。1966年，石刻遭到部分破坏，现已采取复原措施。

图1-17　"西南屏障"石刻（董科摄）

第二章　兴义茶业地理

第一节 茶区自然地理概况

兴义又名黄草坝，传说因盛产黄草（金钗石斛）而得名，盛产茶叶、中药材、生姜、甘蔗、芭蕉芋等经济作物，粮食作物以水稻、玉米为主。

兴义位于贵州省西南部的黔西南州西部，地处东经104°32′~105°11′，北纬24°38′~25°23′，东邻安龙县，南与广西壮族自治区隆林、西林两县隔江（南盘江）相望，西和云南省罗平、富源两县以黄泥河为界，北连盘县（今盘州市）、普安、兴仁三县（市），是黔西南布依族苗族自治州首府所在地，是黔西南州政治、经济、文化、信息、物流中心。

全市国土总面积2911.1km²，折合43.67万亩，其中喀斯特面积32.14万亩，占国土总面积的73.6%；非喀斯特面积11.53万亩，占国土总面积的26.4%。北有乌蒙山脉分支的屏障，南距祖国南海水域475km，是黔、滇、桂三省（区）结合部，区位优势独特。

全市地势西北高，东南低，呈坡状起伏，自西北向东南形成多级台阶，垂直分布明显，全市海拔780~2207.7m，最高点位于西部七舍镇白龙山，海拔2207.7m，最低点为天生桥电站水库——万峰湖，最高水位780m海拔，相对高差1427.7m。受新构造抬升运动的影响，地形下切强烈，原面多遭受破坏，形成山原山地，河道下游常呈峡谷形状，坡陡土薄。兴义地理所处云贵高原向广西丘陵过度的斜坡迎峰面，受海洋性气候的影响，形成了区域内高原季风湿润型气候特点，具有热量好，光照足，温暖、湿润的良好环境。降水量1300~1600mm，年平均气温15~18℃，最冷月平均最低温度（一月）为4.4℃，最热月平均最高温（七月）26.8℃，全年日均温稳定超过10℃为217d。全年总日照为1300~1600h，日照百分率32%~34%，全年总辐射为4474.4MJ/m²，年均日照为1647.3h，年平均气温16.7℃，年平均无霜期342d，年平均降水量1512mm，年蒸发量1492mm，相对湿度81%；森林覆盖率48%。兴义市东、南、西三面分别被马岭河、南盘江及黄泥河切割，市内有大小河流77条，属雨源型河流，均属珠江流域西江水系，水域面积85.78km²，占全市总面积的2.95%。马岭河由北向南纵贯市境、西有黄泥河，东有流入安龙县白水河的汇水区。全市二级支流有74条，其中流域面积大于20km²的有20条。丰富的水资源决定了兴义空气清新、湿润多雾的气候特点，因此宜人宜居。

兴义市土壤类型为黄棕壤、黄壤、红壤、石灰土、紫色土、水稻土、草甸土、潮土等。黄壤、黄棕壤土呈酸性，土壤有机质含量高，富含锌、镁等微量元素，因此，适宜茶树生长。

兴义地形地貌，从谷底到山顶形成独特的高山气候，云雾缭绕，具有"十里不同天"的立体气候特点。

第二节　兴义茶园概况

一、茶园种植

新中国成立前，据史料记载，兴义县境内有零星茶树分散种植在林旁、沟边地角和房前屋后，产量很低，年产量仅27担，即1.350t。

中华人民共和国建国初期，县内仅有零星分散茶树，多为农民自种自用，进入市场出售者极少，商品率极低。1952年全县产茶6.450t（129担），1957年产30t（600担）。

1972—1975年，兴义地区外贸部门从云南引进大叶茶种，福建引进中叶茶种，浙江引进小叶茶种，在全地区发展社队茶园近10万亩。为适应生产发展的需要，兴义地区外贸、供销部门派30余人到安徽省农学院茶叶系进行专业培训，结业后分赴社队茶场指导生产。兴义地区外贸部门还举办短期培训班，为社队茶场培训技术员。化肥在供应上给予保证，先后帮助兴义白碗窑公社茶场、晴隆大厂公社茶场和兴仁木桥公社茶场购置55型揉茶机各2台，44型揉捻机各1台，烘干机各2台，解块机各1台，转子机各1台，萎凋机各1套。对茶叶加工厂房方面，也从资金、物资方面给予支持。

据《兴义县志》记载：1974—1975年，县的农业、外贸、供销等部门支持生产队种茶2万亩，1978年增至2.24万亩。后因粮茶争肥、争工、水土流失、管理，技术跟不上等原因，1980年茶园面积下降到1.47万亩。1982年兴义实行农村土地联产承包责任制后，茶园面积锐减。1983年又增到1.83万亩，年产茶85t。1985年产茶83t。县境内茶园主要分布在七舍、敬南、捧乍、白碗窑、乌沙、鲁布格、桔山、品甸、仓更、下五屯、顶效（万屯磨盘山）等区，所产茶叶比温凉丘陵地区茶叶质地好。当时仅白碗窑公社就建有万亩茶场一个，猪场坪公社也建有"建国"茶场，万屯公社建有磨盘山茶场，泥凼建有乌舍茶场，泥溪公社建有泥溪茶场等。

1994年，全县茶园总种植面积1.4万亩。这段时期由于茶园分到每家每户，实行市场经济，自由贸易。受茶叶产品销售市场、茶叶加工技术、品牌，及大规模的开荒种粮等因素的影响，茶园面积减少，至2008年全市保有新老茶叶种植面积1.57万亩，且都处于半丢荒状态。

2019年底，兴义市共有新老茶园种植面积6.03万亩。

二、主要品种面积

福鼎大白、龙井43、安吉白茶、乌牛早、鸠坑种（20世纪70年代用茶籽种植的老茶园）、名山白毫131、中茶108、梅占、黔湄601、小叶女贞科苦丁茶等。

2018年底兴义茶园主要品种分布如下：福鼎大白2.17万亩、龙井43有1.55万亩、鸠坑种8200亩、乌牛早1200亩、安吉白茶1000亩、中茶108号800亩、名山白毫131号500亩、其他（梅占、黔湄601等）约600亩、苦丁茶8000亩。2019新增种植面积2800亩，主品种为福鼎大白、龙井43、梅占、福选9号、七舍古树茶等。

三、分　布

截至2019年年底，兴义市共有新老茶园种植面积6.03万亩。主要分布乡镇（街道）如下：七舍镇2.62万亩，分布在七舍、革上、糯泥、鲁坎、马格闹、侠家米6个村；泥凼镇8500亩（其中苦丁茶800亩），主要分布在乌舍村，苦丁茶主要分布在老寨、梨树、学校3个村；敬南镇5290亩，分布在白河、高山、吴家坪3个村；捧乍镇5440亩，主要分布在大坪子、平洼、黄泥堡、堡堡上4个村；清水河镇3500亩，分布在补打村牛角湾、双桥村；乌沙镇2870亩，分布在乌沙、抹角、磨舍、窑上4个村；猪场坪乡2100亩，主要分布在丫口寨，猪场坪、田湾3个村；坪东街道1800亩，分布在洒金村；雄武乡1000亩，分布在雄武村；木贾街道500亩，分布在干沟村；鲁布格镇300亩，分布在中寨村。2019新增种植面积2800亩，分布在敬南500亩；洒金700亩；鲁布格940亩；南盘江400亩；坪东街道260亩（苦丁茶）。

四、茶叶加工

截至2019年年底，兴义市有涉及茶叶企业（含公司、合作社、个体户）464家。其中直接从事茶叶种植加工的有37家（表2-1）；农民专业合作社45家（表2-2），其中省级龙头企业6家；市（州）级龙头企业8家；已取得SC（原QS）认证企业7家。

已建成清洁化茶叶加工厂计17个，分别是：七舍镇的华曦公司、嘉宏公司、后河梁子合作社、清华合作社、隆汇合作社、宏富合作社、裕隆合作社、古舍茶加工厂；坪东街道的绿茗茶业公办司加工厂；乌沙镇的天沁公司茶叶加工厂；泥凼镇的绿缘合作社、连春茶叶加工厂；捧乍镇的天瑞核桃合作社茶叶、高峰韵合作社加工厂；清水河镇的清源合作社加工厂；敬南镇的大坡合作社、隆鑫合作社加工厂。另有作坊式加工场16家（表2-3）。

五、茶叶加工厂、茶企、合作社名单

表2-1　兴义市茶叶种植加工企业

序号	企业名称	统一社会信用代码	注册商标	龙头企业级别
1	黔西南州华曦生态牧业有限公司	915223017988841836M	松风竹韵	省级
	黔西南州清香茶叶贸易有限公司	91522301MA6DJ6GX1G		
2	黔西南州嘉宏茶业有限责任公司	915223006629873778	涵香、高原红	省级
	兴义市三得茶业有限责任公司	91522301MA6DR2H78E		
3	兴义市绿茗茶业有限责任公司	91522301688405953A	万峰春韵	州级
4	贵州天沁商贸有限责任公司	915223010570719184	黔龙山、黔龙玉芽、黔龙神韵、龙顶仙茗、黔龙洒金红	州级
5	兴义市革上怡香茶叶加工厂	91522301MA6DK1HF2E		
6	贵州万峰红茶业有限公司	91522300MA6DMJYAXJ		州级
7	贵州七户人家农业有限公司	91522300MA6HBNBU1B	七户人家	
8	兴义市春旺茶叶加工厂	91522301067705558C	春旺毛尖	
9	黔西南州贵隆农业发展有限公司	915223003373234111	贵砻	省级
10	兴义市金顶云狐茶叶加工厂	91522301MA6E94991J	金顶银狐	
11	兴义市鑫缘茶叶加工厂	91522301080677280G	绿山耕耘	
12	兴义市绿蕊食品有限公司	915223010508219313		市级
13	兴义市盛发茶叶加工厂	915223010610017446	舍悠茶香	
14	兴义市连春茶叶加工厂	915223015993845483		
15	兴义市显林茶叶加工厂	91522301308763629X		
16	兴义市农丰农业发展有限公司	91522301MA6DL3RN29		
17	兴义市春慧茶叶加工厂	91522301308828701G		
18	贵州云春茶叶开发有限公司	91522301MA6DJYNQ57		
19	兴义市七品茗绿茶叶加工厂	91522301080663268J	青七茗舍	
20	兴义市高原手工茶加工厂	915223010610270713		
21	兴义市新芽生态绿茶加工厂	91522301322258119Y		
22	兴义市古舍茶叶加工厂	91522301308759558U	古舍茶	
23	兴义市敬南天赐茶叶种植场	915223015983845894		
24	兴义市云湖雾芽生态绿茶加工厂	91522301308828656F	七捧雾芽	
25	兴义市森江茶叶加工厂	9152230159835788XH		

序号	企业名称	统一社会信用代码	注册商标	龙头企业级别
26	兴义市新兴生态农业发展有限公司	91522301MA6DNG551G	南龙坝	
27	贵州玉堂春农业发展有限责任公司	91522301MA6DYAX104		
28	贵州圣土金叶茶业有限公司	91522301MA6HGUE60W		
29	兴义市清菊茶叶加工厂	915223013087763740	菊园春	
30	兴义市晨韵茶业有限公司	91522301MA6E4W2TXR	黔舍茶香	
31	兴义市兰香茶叶种植场	915223010519010796		
32	黔西南州清风露茶叶有限公司	91522301MA6HNYQM7Y		
33	贵州弘晖生态农业旅游开发有限公司	91522300MA6HUEKY0T		
34	兴义市沿湖农副产品加工厂	9152230132248225XP		
35	兴义市高荣茶叶加工厂	91522301308783734L		
36	兴义市长冲茶叶种植园	915223010061007935Y		
37	兴义市金合生态绿茶加工厂	91522301308819549H		

表2-2 兴义市茶叶种植加工合作社

序号	企业名称	统一社会信用代码	注册商标	龙头企业级别
1	兴义市佳茗茶叶农民专业合作社	93522301565039551Y		
2	兴义市大坡茶叶农民专业合作社	93522301MA6EGPM22U	南古盘香	省级
3	兴义市宏富茶叶种植农民专业合作社	93522301MA6EG8M699		
4	兴义市鑫缘茶业农民专业合作社	93522301MA6EGAE718		
5	兴义市顺勋茶业农民专业合作社	93522301051945231A		
6	兴义市天瑞核桃种植农民专业合作社	93522301MA6EF7TX65	龙马鸣绿茶	州级
7	兴义市绿缘中药材种植农民专业合作社	93522301587274181U	泥凼何氏苦丁茶	省级
8	兴义市延华小叶苦丁茶种植农民专业合作社	93522301MA6HK3T72U		
9	兴义市后河梁子茶叶农民专业合作社	93522301573326438W		州级
10	兴义市高峰韵茶叶种植农民专业合作社	93522301057074238X		州级
11	兴义市隆鑫种植农民专业合作社	935223015941575650	黔芸尖	市级
12	兴义市万民种植农民专业合作社	935223013222242930		州级
13	兴义市楠泰古树茶种植农民专业合作社	93522301MA6HKLUE5W		
14	兴义市清源茶叶种植农民专业合作社	93522301MA6EFBQ75W	贵优	省级
15	兴义市岩峰洞茶叶种植农民专业合作社	9352230132229227X6		

序号	企业名称	统一社会信用代码	注册商标	龙头企业级别
16	兴义市清华种植农民专业合作社	93522301MA6EFRHY2Q		
17	兴义市裕隆种植农民专业合作社	93522301MA6DL57L4F		州级
18	兴义市郑周启茶叶种植农民专业合作社	93522301MA6GYMAB1N		
19	兴义市金润种植农民专业合作社	93522301MA6GQ71XX9		
20	兴义市清水河镇洛者茶叶种植农民专业合作社	93522301MA6EFD7Y03		
21	兴义市叶优堂茶叶种植农民专业合作社	93522301MA6GY8K58B		
22	兴义市金霄种养殖农民专业合作社	93522301MA6EGJHWXF	贵针一叶	
23	兴义市祥龙茶叶种植加工农机农民专业合作社	93522301MA6EGWC95D		
24	兴义市景晰种植农民专业合作社	93522301MA6GH1FX3N		
25	兴义市瑞峰茶业农民专业合作社	93522301MA6GHGT54U	云海雾芽	
26	兴义市天林茶叶种植农民专业合作社	93522301MA6EGF8W10		
27	兴义市红琴种植养殖农民专业合作社	93522301061006625F		
28	兴义市鲁坎种养殖农民专业合作社	93522301MA6DKL8K0C		
29	兴义市贵黔茶叶种植农民专业合作社	93522301MA6EG6RR7Y		
30	兴义市青青茶叶农民专业合作社	93522301MA6GHDWUXM		
31	兴义市云海雾芽种养殖农民专业合作社	93522301MA6GHG9P0H	云海雾芽	
32	兴义市荟荣种植农民专业合作社	93522301MA6EFYUR70		
33	兴义市天赐茶叶种植农民专业合作社	93522301MA6EGA9P7Y	天赐	
34	兴义市韵源种养殖农民专业合作社	93522301MA6H1QXK3Q		
35	兴义市农春茶叶种植农民专业合作社	93522301MA6H06NR7R		
36	兴义市祥昇种养殖农民专业合作社	93522301MA6HC4U785		
37	兴义市古得种养殖农民专业合作社	93522301MA6DJYPB59	取丰	
38	贵州省箐江种养殖农民专业合作社	93522301MA6HKYHZXA		
39	兴义市永嘉种植农民专业合作社	93522301314360199U		
40	兴义市金合中药材种植农民专业合作社	93522301MA6EG6D15U	黔村盛世	
41	兴义市七舍玉祥茶叶农民专业合作社	93522301MA6GGE7F57		市级
42	兴义市红琴种植养殖农民专业合作社	93522301061006625F		
43	兴义市侠家米种养殖农民专业合作社	935223013553605902R		
44	兴义市峰湖种植农民专业合作社	935223013220134458		
45	兴义市颜芽红种植农民专业合作社	93522301MAAJQ9QR5R		

表2-3 兴义市茶叶种植加工个体户

序号	企业名称	统一社会信用代码	注册商标
1	兴义市七舍镇苍舍羽朋茶坊	92522301MA6E6NHN28	苍舍羽朋
2	兴义市七舍镇习林茶叶加工厂	92522301MA6GRLAP5L	羽意原汁
3	兴义市七舍镇品铭轩茶叶加工厂	92522301MA6GTPE59J	七社馨菀（还在公示）
4	兴义市七舍镇清山茶叶加工厂	92522301MA6DWXFW1A	
5	兴义市七舍镇永春茶叶加工厂	92522301MA6G20UJXP	
6	兴义市七舍镇黔众茶叶加工厂	92522301MA6FK9FHXL	
7	兴义市七舍镇老舒家茶社	92522301MA6DT0Y98G	绿香舒
8	兴义市七舍源锦五金建材部	92522301MA6GYP671D	白龙晨露
9	兴义市七舍镇七鲁茶叶加工厂	92522301MA6E22306Y	七鲁生态
10	兴义市七舍鸿源茶厂	92522301MA6E48DG89	
11	兴义市七舍镇华丽茶叶加工厂	92522301MA6GTBA63K	
12	兴义市七舍镇丰盛云雾茶叶加工厂	92522301MA6GT9GR8A	
13	兴义市七舍镇明前茶叶加工厂	92522301MA6GUXMJ12	
14	兴义市七舍聚缘雾毫茶叶加工厂	92522301MA6HHYRE5D	
17	兴义市七舍镇志勤云雾茶叶加工厂	92522301MA6GT5Q26W	黔郑云岭
15	兴义市彝山雅韵茶叶经营部	92522301MA6GW2MA4P	
16	兴义市七舍镇郑伟茶叶加工厂	92522301MA6GY4957M	杜鹃丛林

第三节　兴义茶产业发展概况

一、茶叶面积逐年增加且效益显著

截至2019年年底，全市茶园规模达6.03万亩（投产茶园面积3.72万亩），其中取得无公害认定的茶园面积4.73万亩、有机认定的茶园面积1000亩。2019年全市茶叶总产量为601.8t（其中利用老叶生产的大宗苦丁茶257.5t、嫩叶苦丁茶5t），实现产值10984.12万元。主要产品为卷曲型毛峰、毛尖及扁型茶，红茶、苦丁茶等。茶叶产品除本地销售外，还通过电商平台建网店、省外建专卖店和合作营销点等方式，远销到北京、上海、浙江、广州、福建、重庆、陕西、广西、甘肃、成都等大中城市，在国内外如中国香港、中国台湾、日本、韩国以及东南亚等国家和地区也有销售，占领了一定的市场份额，取得了较好的效果。

二、茶叶商标及产品质量

目前，兴义取得SC认证的茶企（合作社）7家，全市注册的茶叶商标有"松风竹韵""云盘山涵香""云盘山高原红""云盘山香珠""羽韵绿茗""万峰春韵""南古盘香""金顶银狐""七户人家""革上怡香""绿山耕耘""泥凼何氏苦丁茶"等29个，产品质量优良。其中嘉宏公司生产的"七舍·涵香"绿茶在2009年第十六届上海国际茶文化节"中国名茶"评选荣获金奖、"云盘山高原红"红茶在"2015年贵州省秋茶斗茶大赛"上荣获金奖，红茶茶王称号；"香珠"2016年贵州省第四届"黔茶杯"评比荣获"特等奖"；华曦公司生产的"松风竹韵"在"2013年黔茶杯名优茶评比"中荣获一等奖，在2017年全省秋季斗茶大赛中获优秀奖；绿茗公司生产的"羽韵绿茗"在"2015年贵州省春茶斗茶大赛"上荣获优质奖、"万峰春韵绿茶"2017年在第十二届"中茶杯"全国名优茶评比中荣获一等奖。

2017年12月8日，"七舍茶"获国家质检总局批准为国家地理标志保护产品，为兴义市的茶叶产业品牌发展起到积极的推动作用。

三、茶叶经营组织

目前组建有兴义市茶产业协会和七舍镇茶产业协会经营组织（详见第十二章）。

第四节　兴义特色优势茶产业带区划

兴义在十二五期间列入黔西南州高山中小叶绿茶产业带，依据兴义高海拔、低纬度的地理位置及立体型的气候特点，兴义的茶产业又可划分为以下3种类型。

一、中低海拔绿茶、苦丁茶产业带

海拔800~1300m，以泥凼镇乌舍、老寨、学校，捧乍镇的养马、平洼，南盘江镇的菁口等乡镇村组为主。主要种植品种为浙江京华中小叶有性繁殖种、乌牛早、木樨科粗壮女贞苦丁茶等。

二、中高海拔实生、无性系绿茶产业带

多为20世纪70年代种植的中小叶浙江金华种，海拔1400~1600m。以清水河镇的补打村，敬南镇的吴家坪村、白河村，猪场坪镇的丫口寨村、田湾村等乡镇（街道）为主的实生苗绿茶产业带；乌沙镇革里村，坪东街道洒金村，木贾街道干沟村等乡镇（街道）为主的无性系茶产业带主栽品种为福鼎大白茶、龙井43等。

三、高海拔无性系中小叶绿茶产业带

海拔1600m以上，以七舍、捧乍、敬南、猪场坪、雄武等乡镇为主的高山中小叶绿茶产业带，主栽品种为福鼎大白茶、龙井43等。

第五节　兴义古茶树

一、古茶树分布情况

兴义市是古茶树发源地之一。据初步调查，兴义市南盘江镇南龙村；坪东街道洒金村；敬南镇高山村、飞龙洞村；捧乍镇黄泥堡村；七舍镇革上村等乡镇（街道）均有古茶树生长。2012年，贵州省茶科所专家到兴义调查，七舍镇革上村古茶树属野生大厂茶种的兴义地方居群，经长期的演变进化，其雌蕊花柱分为三至五裂，属珍稀品种，是珍贵的自然遗产和植物多样性的活基因库。对于研究茶的历史，茶树的起源，野生茶树原始种类的演化、驯化、茶文化等具有较高的科研价值（图2-1）。

兴义市古茶树基本属散生状态，大多生于村寨周围、田边、地埂、小溪边、山林中。

七舍镇为兴义古茶树分布最多、古茶树历史最为悠久、分布较为集中连片的乡镇。古茶树树龄可以追溯至明朝初年。听当地人介绍，最大的树龄已近千年。目前已挂牌的古茶树有156株；树高5m以上、冠幅12m²以上的古茶树30余株，树高4m以上、冠幅7m²以上的75株。最具代表的古茶树王（编号1），树高10.5m，冠幅60m²以上，形如巨伞，郁郁葱葱，枝繁叶茂，盘根错节，甚为壮观，在黔西南州乃至贵州省都非常罕见。

敬南镇高山村烂木箐组连片的古茶树园占地面积约50亩。飞龙洞村等村组均发现有分散的古茶树。

坪东街道洒金村发现了28株（丛）古茶树，其叶片分为深绿、浅黄两个不同的群落，是罕见的生长在喀斯特石山半石山区的古茶树种质资源，具有较高的科研价值。

图2-1　兴义七舍纸厂古茶树（罗德江摄）

图2-2　猪场坪清代古茶林（郎应策摄）

此外，在七舍镇鲁坎村老林组还发现了始建于清嘉庆五年（1800年）集中连片的古茶园100亩。在猪场坪乡丫口寨村有集中连片的晚清古茶园约10亩（图2-2）。

二、古树茶产品

目前兴义市古茶树尚没有形成品牌，均为农户采摘茶青后，出售给加工厂或自行加工成卷曲型绿茶销售。每年干毛茶产品不足千斤；春茶茶青芽叶肥硕，富含氨基酸，炒制的干绿茶，条索紧结，色泽翠绿，汤色明亮，绿中带黄，滋味花香悠长，口感鲜爽甘甜。夏秋茶青炒制的干茶，色泽乌黑油润，汤色金黄，滋味厚重圆润，花果香气持久，但因缺少品牌，产品附加值不高。兴义市古茶树除七舍镇纸厂和敬南镇烂木箐得到保护开发利用外，其余古茶树尚处于待保护开发状态。

目前，兴义市对古茶树保护开发采取了：当地政府出资，对每一株古茶树都进行编号、挂牌、建立档案，明确古茶树产权，单株跟踪护养，专人负责管护等措施。

第六节　兴义茶苗繁殖及茶园基地建设

兴义市的茶园建设，2008年前，以有性系的种子直播为主。2008年后，新发展的茶园逐步为无性系茶苗取代。为解决茶园建设中茶苗供给问题，结合兴义的自然环境条件和茶园建设需要，总结出一套适合兴义茶产业发展的茶叶育苗、茶园建设、茶园生产管护技术要点。

一、无性系扦插苗育苗技术要点

（一）茶树母本园选择

扦插繁殖用的茶园称为扦插插穗母本园，其茶树称插穗母本树（含兴义古茶树母本树）。就地就近选择品种纯正、不混杂，品种纯度达到100%。树龄在4年以上，生长健壮、高产、优质、抗性强的良种茶园（或古茶树）作为母本茶园（母本树）。

（二）茶树扦插母本园（母本树）培植技术

1. 茶树母本园修剪程度及养护

茶树生长势和茶树修剪程度不同，会影响枝条的产量和质量。生长势好的茶园一般采用轻修剪（剪去树冠绿叶层2~5cm）；生长势较弱，茶树分枝较强且枝条较弱、鸡爪枝多、病虫枝叶较多的茶园采取深修剪（剪去树冠绿叶层的1/2，约10~15cm）。一般作为扦插的母本茶园（母本树）上年（上季）不进行茶青采摘。

2. 合理施肥

以农家肥作基肥为主，磷钾肥配合施用的办法。一般每亩施150~200kg饼肥、25~30kg硫酸钾、30~50kg过磷酸钙。春茶后修剪的母本园，剪后增施一次追肥，蓄枝期间不再追肥。

3. 病虫防治

加强对母本园的病虫预测预报和检查工作，做到及时防治（以母本园安装杀虫灯、杀虫板等物理防治及园内生草等方法为主），严禁把带病虫枝条传播到苗圃，病虫发生严重的枝条不能用作插穗。

4. 分期摘顶

为加速枝条木质化进程，对于达到符合标准的枝条，一般以茎的基部开始变棕红时分别进行摘顶（即采摘1芽1叶或对夹叶），打破顶端优势，暂停茶条顶芽生长，增加营养积累，加快茎的木质化进度。

5. 枝条质量控制

一般在长35cm以内、茎粗0.3cm以上、枝干呈红棕色或半红棕色、木质化或半木质化、叶呈成熟叶、腋芽萌动至1芽1叶初展、无病虫害的枝条作为扦插枝条。

（三）短穗扦插育苗技术

1. 苗圃地选择

选择土壤pH值4.5~6.5，土壤深厚肥沃、交通便利、水源方便、排水良好、平缓坡地带，且向阳、背风的地块作为苗圃地块。最重要的是土质深厚肥沃、结构疏松、透气性良好、肥力中等的沙壤土或轻质黏壤土，同时兼顾与拟建茶园建设基地邻近，育苗管理方便操作，可尽量减少运茶苗到基地的时间。同一块土地，不能连续作茶树苗圃，要与绿肥或水旱作物轮作，以改善土壤质地，增加土壤养分并减少病虫害发生。

2. 苗圃地翻挖

一般分两次翻挖：第一次全面深翻，深度在30cm以上，翻挖时土块不必敲碎，但要翻挖成"底朝天"，即表土朝下，底土翻上，使其暴晒7~10d，以减少土传病虫害；第二次在做苗床前进行，深度15~20cm，并碎土、精细整地，平整苗床。

3. 苗床整理

苗床长度一般为10~20m（如农户育苗扦插苗床长度可灵活掌握），宽120cm，畦高15~20cm，畦间沟宽为30cm，四周开挖深35cm、宽45cm的排灌沟。做苗床时，还要根据苗圃地的肥力情况，施足基肥，一般每亩施腐熟饼肥100~150kg拌过磷酸钙60kg，或0.1~0.15t腐熟厩肥，均匀地撒在苗床上，并与土壤充分拌合、平整（压平）。然后将"红、

"黄新土"均匀、平整地铺于苗床上，厚约6~10cm，用40%多菌灵可湿性粉剂800倍液或40%甲基托布津20g兑水20kg等药液进行土壤消毒，消毒1d后再喷水，使其充分湿润，并用木板拍平。作畦方向以东西向（或依据顺风方向）作畦，春夏季以正东西方向，秋季以偏东西方向为宜。苗床整理要求做到"墒平如镜、沟直如线"。

4. 搭遮阴棚

选用70%或50%的遮阳网，棚高1.6~2m，隔2~3m栽1根桩子，搭遮阳网，在扦插短穗前搭好荫棚。在兴义也可以用小拱棚进行育苗，苗床整理同上，但小拱棚棚膜的中心距地面必须在45~50cm；根据小拱棚的高度、长度预搭建遮阴棚。兴义在夏秋季育苗时当地农户还在棚面上撒放松针、杉枝进行拱棚遮阴育苗，效果亦很好。

5. 插穗准备

在剪穗前一周，使用高效、低毒、无残留的长效药剂喷透备选枝条一次，以减少病虫害从母本园带入苗圃园。母本园在剪取插穗前半月，摘除枝条顶端的1芽1叶或对夹叶，以抑制茶梢顶端优势，促进插穗枝条成熟，腋芽饱满。

一般要求选择生长健壮、抗性强、品质优、产量高、节间长、腋芽饱满、发芽率高、无病虫害的一年生半木质化、木质化枝条（以光滑的红杆至绿色的硬杆枝木质化段剪取的短穗较好），枝条要求基部粗度3~5mm，可利用长度在20cm以上。不同茶树品种的穗条必须分别剪取、标牌，以防混杂。为了保持枝条的新鲜度，宜在扦插当天早晨露水未干前剪取枝条，为提高成活率，剪回的穗条应把基部浸入5~6cm深、事先配制好的0.3%的磷酸二氢钾溶液或50mg/L "ABT"生根粉溶液（用10kg水加0.5g "ABT"即为50mg/L，但因生根粉不溶于水，须用500ml酒精将0.5g "ABT"粉溶化后倒入清水中，充分搅匀）中1~2h后再行剪短，既补充了水分，又增加了营养，以提高扦插成活率。剪下的枝条容易失水，不可一次剪取太多。必须及时运回，薄层堆放于阴凉避风处，喷水保持湿润，并尽早剪取短穗，严格按照"边采枝条、边剪短穗、边扦插"的操作规则进行作业。剪短穗时，要求母穗留一叶，具生长芽一个，穗长2.7~3.3cm，下剪口呈45°倾斜，与叶片倾斜口方向相同，上剪口离芽基0.2~0.3cm，剪口平，剪时勿伤芽。

6. 扦插时期

扦插时期应根据枝条成熟期来决定，凡在茶树生长期，只要当地气候条件适宜，一年四季均可扦插（含设施育苗）。一般分春插、夏插和秋插。当平均气温达到25~30℃，地温15cm处达20~22℃时扦插较为适宜。一般多在春季的"春分"至"清明"节（3—4月）插枝未发芽前进行；夏季的"大暑"至"处暑"（兴义6—8月）；每年10—11月下旬进行秋插。4—8月是插穗生长的最适宜时期，在这个时期扦插，只要管理周到，成活率很高。

7. 短穗扦插株行距

扦插时，中小叶品种行距8~15cm，株距1.5~2.7cm，每亩扦插35万穗左右。如使用营养袋扦插，每亩掌握在20万穗左右。古茶树插穗扦插，每亩掌握在15万穗左右。扦插时，插穗用速效生根药剂处理后成倾斜45°插入畦（或营养袋）内。深度以插到叶柄基部为宜。大叶品种可重叠2/3；中叶品种可重叠1/2。插完一行，随着用手压紧压实并浇透水。

（四）扦插苗苗圃管理技术

做到苗圃厢面无杂草和枯枝落叶，防止人畜践踏。及时遮阴、浇水，后期管理追肥、防治病虫害（图2-3）。

1. 遮阴管理

插穗愈合初生根为第一阶段，遮光度为80%。生根到地上长出达1芽2~3叶时为第二阶段，遮光度为75%~80%。茶苗生长到1芽3叶至第二轮生长达1芽2叶时为第三阶段，遮光度为50%~70%。

图2-3 兴义古茶树扦插育苗基地一角（冯杰摄）

茶苗第二轮绝大部分生长到1芽2叶后，选择阴天分2~3次揭去遮阴物。

2. 地膜拱棚内温度控制

地膜具有保温保湿效应和防止冻害寒害，并具有一定的遮光作用。膜内最适温度为20~30℃，相对湿度在70%以上。膜内温度达到35℃以上时易发生热害，导致插穗大量死亡。为防止强光和高热对插穗的危害，薄膜覆盖应加竹帘和遮阳网遮阴，并注意通风排气保水。

3. 水分管理

扦插前2~3h厢面浇透水一次，插完后立即淋透水。第一阶段，晴天每天淋水1~2次，阴天2~4d淋一次。苗圃土壤相对含水量80%~90%。第二、第三阶段，随时注意淋水使苗圃土壤相对含水量保持在70%~80%。揭棚后水肥合理配合淋施，满足茶苗所需水肥，促进茶苗快速生长。雨后积水时及时排水。

4. 追肥防虫

追肥和防虫可以同时进行，防病虫视病虫情况而定。追肥可采用有机肥、沼液和化肥，年追肥为8~10次，分别为茶生长第一轮停止后，每隔10~15d追施一次。每亩每次用尿素1.5~3kg，由少到多，逐次增加，肥料均匀撒施于苗圃内，并及时淋水，尿素全部溶化后停止淋水。

5. 炼苗与假植

当苗圃中茶苗高度达到10cm以上时，即可进行炼苗与假植。炼苗时，可每天上午揭开地膜两端，夜里盖上，连续一周后可全部打开地膜，让茶苗全部露地生长。同时进行正常的肥水管理。当茶苗生长量大，地上部分枝丫开始相互重叠时，可在苗床上间隔一行或两行取一行在空余的苗床上进行移栽，是为假植。同时进行正常的肥水管理。

（五）茶苗出圃

当茶苗质量符合GB 11767—2003中规定的1级或2级标准时，即可出圃，进行大田移栽。

茶苗出圃取苗时间宜选在雨后，阴天或晴天的早、晚进行，以减少茶苗水分蒸发；天旱苗圃土壤干燥，起苗前应先充分浇透水，使土壤松软，起出的茶苗应尽量保持根、枝、叶完整，每100根扎成一捆，路途较远地区用60%~70%的黄泥打浆蘸根、用稻草或透气的包装袋包装运输。

二、茶籽育苗及直播建园

在兴义的喀斯特地貌丘陵茶园基地建设中，有的茶园基地山高坡陡，交通、水源不便，可结合退耕还林政策，采用茶籽直播方式建设茶园基地。其技术要点如下。

（一）茶种子母本园选择

根据建园需求，选择品种优良、纯正，早、中、晚熟适宜的茶叶品种园作为茶叶种子采集的母本园，园龄应在6年以上，开花结果2年以上。留种茶园，一般采茶、采种兼用，除了合理施肥，保证茶树正常生长发育外，还要增施磷钾肥，可以促使茶树多开花结果，又能防止落花落果，获得饱满的茶籽。方法是：春茶分批留叶采，夏茶留养，或夏、秋茶留养，能够增加茶籽的产量。修剪疏枝按照茶树生长状况，培养丰满树冠和强壮树势，疏剪枯枝、老枝、细弱枝、病虫枝以及部分徒长枝。茶籽象虫对茶子的危害，影响很大，要及时防治。茶果采收应按成熟标志及时采收。

（二）种子采集标准

选择在母本园茶树上发育成熟、无病虫害、无机械损伤，外观皮呈板栗色且在茶树上茶果微裂的健壮种子作为茶叶直播种子。采集后经一周左右种子后熟自然与外表皮脱落，即可作为茶叶直播用种子。

（三）播种时期

兴义种子直播期：秋、冬播种的适宜时期为9月中下旬至次月11下旬，比春播提早15~20d出土。春播的适宜时期为（2—3月）一般不要延迟到4月以后播种。如采用春播时应注意砂藏法保管好茶籽，保存时要注意种子含水量，并防止微生物污染和鼠、虫害，适宜的保存温度为5~7℃和60%~65%的相对湿度。

（四）浸种和催芽

浸种和催芽可达到早出土和提高出苗率的效果，浸种2~3d，每天换水一次，浸种时捞出浮在水面的变质、腐烂的种子。

（五）播种密度和深度

通常采用坡地等高环状，条式等距离穴播，每穴5~7粒，播种深度3~5cm，待种子出苗后每穴选留下2株壮苗直接成园。

（六）加强苗期管理

主要做好除草、抗旱、防冻、施肥和病虫防治等工作。同时还需配套水、路等基础设施。

三、兴义的茶园建设技术

（一）建园方式

① 平地及缓坡地茶园栽培：坡度在10°~20°的缓坡地。

② 高山茶园栽培：坡度在25°以上；主要采用等高环状方式建设茶园基地（图2-4）。

③ 种子直播建园：大多在坡度大，道路不便的地块进行的茶园基地建设。

④ 无性系茶苗移栽建园（兴义市基本以第二种栽培方式为主）。

图2-4 兴义已建成的高山生态绿茶基地
（编纂组摄）

（二）栽培种植模式

单条栽：大行距为1.5m，丛距33cm，每丛种植2株，每亩用苗2700株左右。

双条栽：大行距为1.5m，小行距40cm，丛距33cm，每丛种植2株，两小行的茶丛呈"品"字交错排列，每亩用苗4300株左右。

兴义市之前的新建茶园一般采用双行单株条栽为主，种植规格为大行距1.2m、小行距40cm、株距30cm，每亩用苗3000株左右。

（三）无性系茶苗移栽

移栽多在秋末冬初，有利于茶苗成活。此时地上部虽然已停止生长，而根系生长还在继续，茶苗越冬后，根系在翌年春天可较早进入正常生长。兴义市由于冬春季干旱较严重，大多在夏季雨季来临时种植，成活率高，效果比较好。

四、兴义茶园管理技术要点

一是科学培育和修剪，形成丰产树形和茶蓬。二是重施有机肥（腐熟农家肥为主），适当增施化肥，加强肥培管理，满足茶树对养分的多元需要。三是掌握病虫发生规律，加强检疫和预测、预报，采用综合防治技术，及时控制病虫害危害。四是科学合理采摘，兼顾采、管、养的有机结合。

（一）幼龄茶园管理

1. 灌　溉

兴义的茶园大多建设在高山坡地，水、路等基础设施建设条件十分薄弱，灌溉条件基本上无法满足，但茶苗移栽后必须及时浇足定根水。根据天气情况，成活前每5~7d淋水一次，防止干旱。或在浇足定根水后用地膜或防草布进行覆盖，以起到保温、保水、保肥和防治杂草生长的作用。条件许可时，新建茶园一般应规划水管网及道路等基础设施。

2. 茶园铺草

无地膜或地布覆盖的茶园，茶园地面或茶行间地面可种植绿肥、豆类，或用秸秆等进行覆盖，厚度以10cm左右为宜。

3. 种植绿肥或短期经济作物

避免种植与茶树争肥、水、光的绿肥品种和经济作物。可以种植诸如萝卜、大豆、花生、玉米等，既可改良土壤理化性质，又能取得一定的经济收入，达到以短养长的目的。

4. 浅耕和土壤营养管理

浅耕松土、勤除杂草，防止草荒，生态茶园禁止使用化学除草剂。建立生态茶叶生产基地的土壤要保持或增加土壤有机质含量、保持土壤微生物活性和提高土壤肥力。通过各项合理的栽培技术措施，改善土壤的水、肥、气、热（温度）条件，促进茶树生长。如中耕除草可疏松土壤，提高通透性；翻埋杂草可增加土壤有机质，熟化土壤，增厚活土层。中耕深度一般2~5cm，避免大量损伤吸收根。

5. 补　苗

如有缺苗，应及时补植，防止缺株断行而延缓整体成园时间。

6. 树冠培育

幼龄茶树必须进行3~4次定型修剪，以利于培育最佳丰产树冠。第一次离地面15cm处剪去主枝；第二次培养骨干枝，在树高超过35cm时，剪口离地面30~35cm；第三次形成丰产树冠骨架，修剪高度在第2次剪口的基础上提高15cm，要求剪平，剪去弱枝和病虫枝。

7. 采摘与鲜叶保鲜

一二年生茶龄茶园一般不进行采摘。三年试产茶园，可实行分批多次采摘，先发先采，采强留弱，采高留低，采中留侧。手法上，用折采或提采，禁止用指甲掐采、用指尖扭采、捋采、抓采。

幼龄茶树贯彻以养（树、蓬）为主，以采为辅的原则，即三足龄茶树春留二叶，夏留一叶，秋留鱼叶或一叶采。壮年茶树贯彻以采为主、以养为辅的原则，春秋留鱼叶，夏留一叶采。

鱼叶亦称"胎叶"，是茶树新梢上抽出的第一片叶子，因形似鱼鳞而得名。茶树越冬后，春季到来，气温上升，茶树体内即发生生物学变化。在达到日平均温度10℃以上，连续5d，休眠芽即开始萌动生长，首先是鳞片张开，芽头露出，接着就萌发第一片小叶子，在茶树栽培学上称之为鱼叶。

鱼叶是计算茶树新梢着叶数和采摘留叶数的起点，留鱼叶采也是留叶的最低限度。茶叶采收过程中留不留鱼叶采，对茶叶产量、品质有很大的影响。

采下的鲜叶置于清洁的竹篓或通风透气的容器中，不能挤压，并及时送往加工车间，摊放在阴凉、通风、干净处，厚度10cm左右，摊放时间控制在8h内，做到及时加工制作。

（二）茶园施肥

生态茶园施肥以有机肥为主，有机肥必须达到无害化处理要求。严格控制化肥使用，推广不含合成化学调节剂的有机肥和矿物肥料，尽量少使用或不使用硝态氮化肥。无机叶面肥施用后，茶叶要10d后才能采摘。兴义大多使用菜饼肥、腐熟羊、牛粪等农家肥及秸秆等进行茶园施肥。

多施有机肥，化学肥料应与有机肥料应配合使用，避免单纯使用化学肥料和矿物源肥料，宜施用茶树专用肥。

基肥以有机肥为主，于当年秋季开沟施（茶蓬滴水沿下），施肥深度20cm以上。一般每亩施油枯（饼肥）或有机肥0.2~0.4t或农家有机肥1~2t。根据土壤条件，配合施用磷肥、钾肥和其他所需营养肥。

追肥可结合茶树生育规律进行多次，以化学肥料为主，在茶叶开采前15~30d开沟施入，沟深10cm左右。施肥后及时盖土。

根据茶树生长状况，可以使用经农业农村部登记注册的叶面肥；目前兴义正在引进阿尔格生命科学有限公司生产的"阿尔格微藻营养液"作为追肥试验，以期打造兴义高标准生态茶园。叶面肥应与土壤施肥相结合，采摘前10d停止使用。

生态茶园高效施肥技术，概括地讲，应做到"一深、二早、三多、四平衡、五配套"具体要求如下。

1. 深

指肥料要适当深施，以促进根系向土壤纵深方向发展。茶树种植前，底肥的深度至少要求在30cm以上；追肥也要施5~10cm深，切忌撒施，否则遇雨时会导致肥料冲失，遇旱时造成氮素挥发而损失，且会诱导茶树根系集中在表层土壤，从而降低茶树抵抗旱、寒等自然灾害的能力。

2. 早

一是基肥要早，进入秋冬季后，随着气温降低，茶树地上部逐渐进入休眠状态，根系开始活跃，但气温过低，根系的生长也减缓，故早施基肥可促进根系对养分的吸收。兴义茶区可在9月下旬开始施用，11月下旬结束；二是催芽肥也要早，以提高肥料对春茶的贡献率。施催芽肥的时间一般要求比名优茶开采期早一个月左右，可根据当年气候条件因地制宜。

3. 多

一是肥料的品种要多，不仅要施氮肥，而且要施磷、钾肥和镁、硫、铜、锌等中微量元素肥以及有机肥等，以满足茶树对各种养分的需要和不断提高土壤肥力水平；二是肥料的用量要适当多，每产100kg大宗茶，每亩施纯氮12~15kg，如茶叶产量以幼嫩芽叶为原料的名优茶计，则施肥量需提高0.5~1倍。但是，化学氮肥每亩每次施用量（纯氮计）不要超过15kg，年最高用量不得超过60kg；三是施肥的次数要多，要求做到"一基三追十次喷"，春茶产量高的茶园，可在春茶期间增施一次追肥，以满足茶树对养分的持续需求，同时减少浪费。

4. 平 衡

一是有机肥和无机肥要平衡。有机肥不仅能改善土壤的理化和生物性状，而且能提供协调、完全的营养元素。但由于有机肥养分含量较低，所以需配施养分含量高的无机肥，以达到既满足茶树生长需要，又改善土壤性质的目的。要求基肥以有机肥为主，追肥以无机肥为主；二是氮肥与磷钾肥，大量元素与中微量元素要平衡。茶树是叶用作物，需氮量较高，但同样需磷、钾、钙、镁、硫、铜和锌等其他养分，只有平衡施肥，才能发挥各养分的效果。成龄采摘茶园要求氮磷钾的比例为（2~4）：1：1；三是基肥和追肥平衡。茶树对养分的吸收具有明显的贮存和再利用特性，秋冬季茶树吸收贮存的养分是翌年春茶萌发的物质基础，所以要重施基肥。但茶树的生长和养分吸收是一个持续的过程，因此，只有基肥与追肥平衡才能满足茶树年生长周期对养分的需要。一般要求基肥占总施肥量的40%左右，追肥占60%左右；四是根部施肥与叶面施肥平衡。茶树根系较为深广，其主要功能是从土壤中吸收养分和水分。但茶树叶片多，表面积大，除光合作用外，还有养分吸收的功能。尤其是在土壤干旱影响根系吸收时，或施用微量营养元素时，使用叶面施肥方式效果更好。另外，叶面施肥还能活化茶树体内的酶系统，加强茶树根系的吸收能力。因此，只有在根部施肥的基础上配合叶面施肥，才能全面发挥施肥的效果。

5. 配 套

一是施肥与土壤测试和植物分析相配套。根据对土壤和植株的分析结果，制定准确的茶园施肥和土壤改良计划。每两年对茶园土壤肥力水平和重金属元素含量等进行一次监测，以了解茶园土壤肥力水平的变化趋势，有针对性地调整施肥技术；二是施肥与茶树品种相配套。不同品种对养分的要求有明显的"个性特点"，如龙井43要求较高的氮、磷、钾施用量。因此，茶园施肥时，特别是优良品种茶园施肥时只有考虑其种性特点，才能充分发挥良种的优势；三是施肥与天气、肥料品种相配套。如天气持续干旱，土壤板结，施入的肥料不易溶解和被茶树吸收，雨水过多或暴雨前施肥则易导致肥料养分淋溶而损失。应根据肥料种类采用不同的施肥方式则可提高肥料的利用率，如尿素、硫酸铵等氮肥在土壤中溶解快，容易转化为硝态氮，而硝态氮不是茶树喜欢的氮素来源，又易渗漏损失，因此，茶园施氮肥时不能一次性施得过多，以每亩每次不超过15kg为宜。磷肥则与氮肥相反，在土壤中极易固定，集中深施有利于提高磷肥的利用率；四是施肥与土壤耕作、茶树采剪相配套。如施基肥与深耕改土相配套，施追肥与锄草结合进行，既节省成本，又能提高施肥效益；又如采摘名优茶为主的茶园应适当早施、多施肥料，采摘红茶的茶园可适当多施钾肥，幼龄茶园和重剪、台刈改造茶园应多施磷、钾肥等；五是施肥与病虫防治相配套。一方面茶树肥水充足，易导致病虫危害，要注意及时防治；另一方面，对于病虫危害严重的茶园，特别是病害较重的茶园应适当多施钾肥，并与其他养分平衡协调，有利于降低病害的侵染率，增强茶树抵抗病虫害的能力。

（三）茶园修剪

1. 幼龄茶树的定型修剪

幼年期的树冠培养十分重要。通过定高定剪结合打顶培养健壮的骨干枝，是促进茶树持续高产优质的关键，其主要做法是当树高30cm以上，主茎粗3cm以上，并有一两个分枝，便可进行第一次定剪，修剪高度以离地面15~20cm为宜；第二次定剪于第二年在第一次剪口上提高15~20cm；第三次定剪高度在第二次剪口上再提高10~15cm。这样通过3~4次定剪，茶树骨干枝高度45~50cm，便可进入投产期。对于顶端优势较弱而分枝性能强的茶树品种，定剪次数一般为2次即可。

2. 成年茶树（投产茶园）的修剪

投产茶园常采用轻修剪和深修剪交替进行的方法。对茶树树冠郁闭度高、行间狭窄的生态茶园，还要结合辅助性的修剪，如清蔸亮根或边缘修剪，以利茶园创造良好的微域小气候。

1）轻修剪

轻修剪是在定型修剪的基础上进行，其目的是控制树高和培养树冠及采摘面。每年一次，在原有修剪面上提高3~5cm，逐步控制茶树高度在60~90cm。茶园投产数年后，常在每季茶采摘后依据树势剪去树冠面的突出枝和细弱枝，称之为修面。兴义地区现大多采用机剪和手剪相结合。

修剪时期一般宜在秋茶采摘后进行，也可根据气候和调节采摘期而灵活进行，兴义一般在秋茶采结束后的11—12月上旬进行修剪。

2）深修剪

经过多年的采摘和轻修剪，树高增加，树冠面上出现较多浓密而细小的分枝时，应进行深修剪。一般每隔4~5年左右进行一次，深度以剪去结节枝层为度，一般10~15cm。修剪时期可选择在春茶前，2月份春茶萌芽前进行，或春茶采完后的4月下旬至5月上旬进行修剪。

清蔸亮脚修剪。对树冠郁闭度高的茶园采用修枝剪剪去树冠内和下部的枯老枝、细长的徒长枝，疏去密集的丛生枝，一年四季均可进行。

边缘修剪。对封行形成无行间通道的茶园，剪除两茶行间交叉或过密的枝条，保持茶行间有20~30cm的通风道。宜在立春前后或春茶后进行。

3. 衰老茶树的重修剪和台刈

重修剪和台刈是一种改造和更新树冠的有效技术措施，它能使衰老的茶树树冠重新恢复生机。兴义市至今仍保存了近万亩在二十世纪六七十年代从浙江引进建设的老茶园，经过四十多年的适应性生长，现已形成了兴义比较独特的地方茶园，茶青的质量和下树率很高，是兴义茶园的重要组成部分。改造和恢复低产老茶园，是兴义茶产业发展的一个重要工作。针对兴义老茶园的实际，主要采用了以下主要技术措施：

1）重修剪

对树势趋向衰老或未老先衰，出现枯枝多，主干枝退化呈灰白色，分枝稀疏，枝条细弱，新梢萌发细小，但骨干枝及有效分枝仍有较强活力，采取深修剪已不能恢复生长势的茶树，需采取重修剪。通常剪去原树高的1/2或2/3，即留下离地面30~40cm主枝分枝高度，重新培养枝干，重组新一轮树冠。重修剪宜在茶芽萌发的立春前进行，不宜在高温季节进行，同时需加强肥水管理和保护。

2）抽　刈

对未老先衰的树势，主干枝仍有较强活力，只有个别枝条呈现衰老，可以采用抽刈的方法，将茶丛中较衰老的枝条和徒长枝，在离地面10~15cm处砍去，而保留生长仍较强壮的枝条和徒长枝。宜在茶芽萌发的立春前进行，不宜在夏季进行。

3）台　刈

对树势严重衰老，枯枝、细弱枝、白化枝多，披生地衣和苔藓，芽叶稀少细弱，产量严重下降，采用重剪已不能恢复树势的茶树，可采取台刈的方法，在离地面5cm左右处用锋利的刀、斧、锯对主枝进行台割，枝干粗的采用锯除，切口要求平滑稍斜，切忌破裂，否则影响发芽。根颈部有更新枝的，应留2~3支，以利水分和养分的输导。最适宜期为春茶采摘后的4月下旬至5月上旬。经台刈后的老茶园一般次年产量略受影响，正常养蓬和肥水管理，第三年可全部恢复投产。

（四）兴义茶叶的病虫、草害防治

1.农业防治

茶树栽培管理既是茶叶生产过程中的主要技术措施，又是病虫防治的重要手段，它具有预防和长期控制病虫害发生的作用，在设计和应用上既要满足茶叶生产的需要，又要充分发挥其对病虫害的调控作用。

合理种植，生态栽培，避免大面积单一生产。实践证明，大规模的单一栽培，无疑会使群落结构及物种单纯化，容易诱发特定病虫害的猖獗。凡是周围植被丰富、生态环境复杂的茶园，病虫害大发生的概率就较小，凡是大面积单一栽培的茶园，某些病虫流行和扩散的机率就大。如茶饼病、茶白星病、假眼小绿叶蝉等在大面积茶园中往往发生较重。因此，兴义新建茶园一般都向生态环境较复杂的山区发展，且避免大面积单一种植，周围保持较丰富的植被。

推广应用抗性品种，增强茶树抗病虫能力。选育和推广抗性品种是在经济有效的前提下，防治病虫害的一项根本措施。种植群体品种，茶树生长参差不齐，抗性能力不一，既不利于修剪、采摘等管理，影响茶叶品质，又易成为某些病虫的发生与危害中心。兴义新建茶园都选择在当地抗性表现比较强的茶树品种如：福鼎大白、龙井43、乌牛早、梅占等。

重施基肥，适量追肥。秋冬季节，茶树处于休眠状态，茶园可进行翻耕施肥。基肥应以农家肥、沤肥、堆肥、枯饼等有机肥为主，适当补充磷钾肥。每年茶叶生产季节可及时适量追施化肥和复合肥。氮肥的施用量应根据茶园的产量予以确定，以补足因采叶而损耗的氮素量为标准，控制过多使用，造成氮素过量而有利吸汁性害虫的发生。对茶饼病、茶白星病发生严重的茶园，可配合使用磷酸二氢钾、增产菌等进行叶面施肥。

及时采摘，抑制芽叶病虫的发生。芽叶是茶叶采收的原料，营养物质高，病虫发生也严重。达到采摘标准，要及时分批多次采摘，可明显地减轻蚜虫、小绿叶蝉、茶细蛾、茶跗线螨、橙瘿螨、丽纹象甲、茶饼病、茶芽枯病、茶白星病等多种危险性病虫的危害。经过采摘，可恶化这些病虫的营养条件，还可破坏害虫的产卵场所和病害的侵染途径，对有病虫芽叶还要注意重采、强采。如遇春暖早，要早开园采摘。夏秋季节尽量少留叶采摘。秋季如果病虫多，可适当推迟封园。

适当中耕，合理除草。中耕可使土壤通风透气，促进茶树根系生长和土壤微生物的活动，破坏地下害虫的栖息场所，有利于天敌入土觅食。一般以夏秋季节浅翻1~2次为宜。对丽纹象甲、角胸叶甲幼虫发生较多的茶园，也可在春茶开采前翻耕一次。茶园切忌使用除草剂，除人工除草外，兴义现正在对三年以上茶园试验养鹅除杂草相关技术。至于一般杂草不必除草务净，保留一定数量的杂草有利于天敌栖息，调节茶园小气候，改善生态环境。

2. 生物防治

茶园天敌资源比较丰富，但如果盲目使用化学农药，茶园的自然生态环境遭到破坏，打破茶园与周围环境建立起来的食物链平衡，会导致茶园天敌种类与数量锐减。进行茶园病虫生态控制，天敌是一种强有力的自然控制力量。

天敌和害虫同时发生在茶园里，很多茶农对天敌不认识，错把天敌当害虫，养成了见虫就杀的习惯，有的任意猎杀茶园鸟类、青蛙、蛇等天敌。因此，要开展生物防治，必须让茶农分清"敌我"，提高生物防治的意识。

给天敌创造良好的生态环境。茶园周围种植防护林、行道树，或采用茶林间作、茶果间作、幼龄茶园间种绿肥，夏、冬季在茶树行间铺草，均可给天敌创造良好的栖息、繁殖场所。在进行茶园耕作、修剪、打药等人为干扰较大的农活时给天敌一个缓冲地带，减少天敌的损伤。在生态环境较简单的茶园，可设置人工鸟巢，招引和保护鸟类进园捕食害虫

结合农业措施保护天敌。茶园修剪、台刈下来的茶树枝叶，人工采除的害虫卵块、虫苞、护囊要及时销毁。而寄生蜂、寄生蝇类等益虫可人工放飞茶园。

天敌与害虫有一种追随现象，害虫发生多的茶园，天敌也较多，但害虫一旦控制下去后，天敌的食料就会受到影响，这时需要人工帮助迁移。害虫大发生的地块，也可从别处助迁天敌来取食。

引进微生物治虫。茶园生态环境较稳定，温湿度适宜，极有利于病原微生物的繁殖和流行。理论上，可以从茶树害虫的病尸上分离苏云金杆菌茶园菌株和各种病毒，再释放到茶园中去均能很好地造成再感染和流行。和科研单位合作，从全国各地引进白僵菌、虫草菌、苏云金杆菌、增产菌、茶尺蠖核型多角体病毒等均能在茶园很好地建立种群和扩散。

3. 物理防治

利用某些害虫的趋光性，用灯光诱杀害虫成虫；用性诱素防治茶毛虫等。兴义茶园大多在高山生态环境较好，病虫害发生较少，基本上不需要打农药，只是在一些害发生较多的茶园内使用杀虫板、杀虫灯等方法进行虫害的防治。

4. 化学防治

根据茶园在不同时期不同阶段发生的病虫害种类及特点，采用植物源、矿物源和国家允许茶园使用的低毒高效低残留的农药进行防治，但茶青采摘前一个月及采摘期间不能使用化学防治方法。

（五）采摘加工

采摘加工。兴义市传统的茶叶采摘以春茶为主，基本上以独芽、1芽1叶或1芽2叶为主，夏、秋茶基本不采。

第七节　兴义茶树及特色茶园

一、兴义市野生茶树考略

兴义市地处云南、贵州、广西三省区交界处的云贵高原斜坡地带，属于亚热带气候环境，三叠系地层丰富。野生茶主要分布于七舍镇、敬南镇等地，古树茶栽培茶园主要分布七舍镇、敬南镇等地（图2-5）。

近年贵州黔西南喀斯特区域发展研究院邓朝义、刘苇、卢永成、廖德胜等人对兴义市野生茶资源进行了系统的调查研究，研究其种质资源、开花结实习性、生物学特性、

图2-5 兴义七舍古茶树林（罗德江摄）

生态学特性、分布地点及株数、生态环境、繁殖技术、保育技术等。同时对野生茶的开发进行系统的科学研究，并指导企业和合作社合理开发利用野生茶资源。

据《贵州史料》记载，兴义白龙山茶文化历史悠久，人工种茶始于宋元时期。山下纸厂村现存一片古茶树林。其中"茶王"的树龄达千年以上，形如巨伞、枝繁叶茂，有"茶中活化石"之称，是贵州省境内至今发现树龄最大的古茶树群之一。世界上唯一一颗茶籽化石为四球，产于临县晴隆普安交界，而白龙山下古茶树所结茶籽为四球、五球（少量），有别于四球茶。进一步印证了世界之茶，源于华夏；华夏之茶，源于云贵。

贵州省农业科学研究院院长、博士生导师赵德刚教授到贵州省兴义市七舍镇考察指导古茶树产业，对古茶树资源保护、古茶树产业发展等工作进行指导，现场听取了相关工作人员对兴义市七舍镇古茶树产业、古茶树种质资源及保护价值的介绍，并对七舍镇革上村纸厂古茶树资源进行了实地考察调研（图2-6）。贵州省农业科学研究院盖霞普博士、贵州省亚热带作物研究所党委书记王小波、所长刘凡值研

图2-6 贵州农业科学研究院赵德刚院长（右一）在兴义市七舍镇革上村纸厂考察古茶树（邓朝义供图）

究员、付玉华博士、贵州科学院山地研究所姚松林教授、贵州科学院生物研究所王济红研究员、王莹博士、贵州黔西南喀斯特区域发展研究院邓朝义研究员、贵州大学乙天慈博士、七舍镇陈大友副镇长等全程参与调研。

二、七舍老林郑氏古茶园

在兴义市七舍镇鲁坎村老林（自然村寨）一带的山林中，至今遗存有一片片葱郁的古茶林。为探究此片古茶林的起源和种植历史，编委会多次实地进行了考察。

这些茶林一小片一小片地零星分布于七舍、捧乍1800m以上自然村寨的深山老菁林中。较多分布在岩风洞、初拉伯、麻窝凼、石岩脚、老林、青菜塘、小水井、坪子上、鲁坎槽子、大坪子、大落洞、羊祭山、干河、黄泥堡等地，在老林组长势茂盛的古茶林达1~4m高，遗存面积最大的有鲁坎村坪子上组土山上的古茶园，总面积约1000亩。

对于这些古茶林的起源和种植历史，历来众说纷纭，难以定论。2019年以来，编委会多次深入七舍、捧乍的茶山和村寨进行调查走访，终于初步摸清楚了这些古茶林的来龙去脉，逐步揭开了这些古茶林的神秘面纱。原来这些古茶林是迁徙定居于七舍镇鲁坎村老林组的郑氏先祖种植延续下来的（图2-7）。老林组现有农户64户289人，全部姓郑。郑氏一脉于清嘉庆五年（1800年），从遵义郑安州迁徙到老林，至今已有12代人。据郑

荣鹤于道光二十五年（1845年）编纂的《郑氏族谱》增页记载："皇清四川珍州，嘉庆五年迁出，于老林定居，带来粮种、茶果、银子等，在此繁衍生息。"

据组民郑周兴（82岁）、郑周甫（82岁）两位老人追溯，古茶林是郑氏老祖（仕字辈）从播州（遵义）迁居到老林栽种的，先祖1800年迁入七舍镇农鲁坎村老林组时开始种茶；后郑荣鹤老祖又于1845年，利用原种植所结的茶果在寨子周边种了一批；1912年郑德华及其长子郑绍忠老祖发动族人再次在周边村寨大量种植茶树上千亩，并延续至今。新中国成立后，这些古茶林归当地人管理，现在遗存下来的古茶树主要分布于老林组，茶树大的有3~4把粗（约30~40cm），人

图2-7 七舍老林郑氏古茶林
（郑维志摄）

可以爬上树枝玩耍。遗憾的是，1958年大炼钢铁及后来粮茶争地，茶树大多在开荒时被砍伐了。老林古茶叶历来是自家手工炒制，一部分自用、待客，一部分用于赶集销售。现在，古茶树分布在老林组周边的深山老林中，大约有5万株尚存。

由于老林茶园地处深山老菁林中，自然环境优越，茶叶具有"香高馥郁、味醇鲜美、色纯鲜亮、耐冲泡"的独特品质，深受消费者青睐。老林组郑氏家族第10代孙郑维志，自1997年学校毕业后，毅然走出深山老林，与彝族妻子王志琼一道，经历了开餐馆、养猪、搞汽车货运后，逐年赢利有了一定积蓄。此时，继承和弘扬祖上种茶、制茶的夙愿萌发。2013年创办了"七舍志勤云雾茶叶加工厂"，在老林组自家老瓦屋内继承祖传手工茶制茶工艺，同时引进机器炒制老林古茶。通过外出江浙等先进茶区学习，在实践中不断琢磨，如今已研制出以红、绿茶为主的富硒茶，注册了"黔郑云岭、黔郑茗茶"两个茶叶知名商标。2020年6月9日，经云南省德宏州质量技术监督综合检测中心检验，绿茶被检验为"高山云雾高富硒绿茶"，具有养身益神作用。目前，郑维志所开办的七舍志勤云雾茶叶加工厂，每年生产明前成品茶3000余千克，由于茶叶品质佳、价格适中，在兴义成为茶界新宠，供不应求。

三、捧乍老厂大树茶

捧乍镇老厂村，处于七捧高原白龙山山脉喀斯特地貌与南盘江畔丘陵地形的分界线上，境内山峦起伏，山色清秀，地形自南盘江畔的780m海拔高程，在直线距离不足10km的段面上，迅速向上大幅抬升到2000~2207.7m的白龙山，上升幅度高达每千米

120~140m。从南盘江输送上来的充足水汽，受巨大高山的阻挡，常年在1200m海拔以上区域形成雾罩，云缭雾绕，空气湿度增大，滋润造就了这一方"石生绿苔遍山野，空气清新万物盛"的生态环境。老厂村下半部的下发勐、二龙口、祝家湾、花坟、烟平等区域，海拔大都在1200m以上，土壤黄色，深厚疏松，微酸性，极为适合茶树繁衍生息，杉、松、竹、栗、枇杷、柑橘、杜鹃、杨梅、山茶、藤、灌等构成的植被生态，枝叶繁茂，森林覆盖率达到70%以上。这里的茶树，种则能生，生则能长，长则能久，久及长生，保留着许多大树茶、大木茶、苦丁茶、龙井茶。

1. 祝家湾留存的30余株大树茶

据当地祝家湾现年66岁的郑绍云介绍：当年他家房屋未盖之时，后面是一片原生油茶林，油茶树地径大多在20~30cm。1975年，为了盖房子，时年22岁的郑绍云清理了后坡上的部分油茶树，腾空地面，开挖房屋基础，盖成了新房。屋后还剩下一小片空地，时值有人带来茶种，他便种植了31丛，至今仍然保存完整。经林木资源专家邓朝义研究员预考初步确定，茶主郑绍云保存的茶树树龄在37年左右，属云南大叶茶。

茶树位置海拔1340.9m，经现场观察测量，植株多为大灌木，最大的一株，株高370cm、冠径250cm×300cm、地径13cm、拥有9个主枝、最大主枝胸径7.65cm，一年生成熟新枝平均节长7.6cm，1叶1芽平均鲜重0.52g。

大叶茶树姿开展，生长势强，植株高大，叶长椭圆形，叶尖渐尖，成叶革质，叶肉厚，嫩枝叶柔软，叶色绿，叶面隆起，叶缘微呈波形，芽头肥壮，黄绿色。当地老百姓形象地称大叶茶为大木茶，表示茶树树体比较高大，采摘时常常需要攀爬上树才能够采得好茶。

2. 下发勐大木茶

下发勐的大木茶与前文中祝家湾大叶茶植株品相相似度极高，应为同期种植。由于前些年茶叶经济价值不高，茶青也不好卖，当地茶农便在茶行中加植了速生杉木，形成了现在"茶在林中、林在茶中、茶林共生、同吸共呼"的一种特别生态形式。植株生长于荫蔽度高达70%、树高达10余米的杉木林中，依然枝繁叶茂。

植株位置海拔1236.5m，株高600cm，胸径0.85cm，地径10.5cm，第一分枝直径0.55cm，第二分枝直径0.43cm，冠径276cm×198cm。一年生成熟新枝平均节长8.1cm，2叶1芽平均鲜重0.64g。

在杉木林中生长的大叶茶总数在700株左右，茶主每年都能够采摘得一些茶青进行加工，自给自足有余。这是兴义市现今发现的首处成规模种植和保存量最大的云南大叶茶。其具有生长强劲，茶青产量大，持续采收期长的特点，有比较好的发酵茶加工特性，是制作红茶的上佳茶原料，用以制作绿茶，更耐冲泡。

捧乍老厂的这些茶宝贝们，一是用她们的柔嫩身躯拼搏出坚韧和刚强，坚定地向着森林的空隙伸出她们的强劲枝叶，努力地吸取黎明的曙光和黄昏的一缕阳光，以获得能量维持自己的生命，还时常挤出余养，吐出新芽，形成优质的茶青原料。二是印证了茶树起源的生态与文明，诠释了茶树的超然本能。三是表明茶园主人的一片心思及茶树自身的用心良苦——待在森闺候人遇，贵人到来心自明。

这些大叶茶，虽然来源暂时不清，但是，兴义在地理位置上紧靠云南，历史上同云南及东南亚地区通商交往频繁的根源来判断，它们来自云南的可能性极大，应属云南大叶茶，这也符合和印证了专家的预判结果。

在捧乍镇，除老厂村外，还在养马、小寨等区域也发现有大叶茶的种植及分布。

3. 百年大树老苦茶

现存植株为单株，属小叶苦丁茶，生长于下发勐寨子上部的喀斯特台地上，土层瘠薄，土地上岩石裸露，苔藓密布，原住居民现全部搬迁到了发勐街上，足见当地的自然条件相对较差，但生态仍保持比较好。

植株位置海拔1318.3m，株高454cm，最大主枝胸径9.2cm，地径23.4cm，有更新主枝14枝，冠径414cm×399cm，叶对生，一年生新枝平均节间长度6.5cm。小叶苦丁茶为大灌

图2-8 捧乍老厂古树苦丁茶（郎元兴摄）

木到小乔木，在立地条件极差的喀斯特区域，生长极其缓慢。据当地老百姓描述，这棵苦茶树子50年前就是这么大，主枝枯死更新多次，一直保持着旺盛的生命力，每年还能生产出2~3斤的茶叶（图2-8）。

4. 老厂"龙井"原料茶

20世纪80年代初，沿海的改革开放，市场对高档茶的消费增长显著，许多江浙茶商到兴义市四处搜寻"龙井茶"原料，并加工成"龙井茶"初料，原有种植的小叶茶品种茶青价格连年上涨，"明前茶青"从1~2元/斤起价，一路持续上涨，到20世纪90年代初期，"明前茶青"涨到10~15元/斤，大大激发了农户种植茶叶的积极性。

1992年，时任兴义市捧乍镇镇长的周洪虎牵头，从黔西南州新桥茶场引进"浙江金华小叶茶"种子进行种植，首创了该镇500亩的"龙井茶"茶青原料基地。至今，每年的春季清明节前后，江浙茶商纷至沓来，大量收购"龙井茶"茶青经初加工后带回浙江。

经历了近30年的风风雨雨，茶园至今仍然完整的得到了保存；同时，"龙井茶"的加工设备、种植技术也一同传入兴义，并一直沿用至今，对兴义市的茶产业发展起到一定的推动作用。当地农户按龙井茶工艺技术加工的春茶价格也连年上涨，并保持在百元一斤以上，高的达到300元/斤，还时常供不应求。

"兴义多云雾，七捧尤更盛；白龙展风姿，飘雨细润物；天成优茶品，茗饮传古今"。茶出七捧，二三百年，其源本、地正、气和、人勤、茶醇，天地人茶合一，历时百数年，茗传省内外。

四、七舍镇茶产业发展之路

七舍镇距兴义城西部20多千米，面积116.6km^2，平均海拔1850m，最高海拔2207.7m，素有云贵高原上小高原之称。全镇坐落在白龙山脉上，境内千山万壑，群山莽莽，植被郁郁葱葱。全年有2/3左右的时间云雾缭绕、雨量充沛、空气湿润清新。加之，冬无严寒，夏无酷暑，昼夜温差大，特别适合中小叶茶树的生长。

由于其独特的自然环境，滋润和孕育了种类众多的植物。山脉上分布着万亩杜鹃、3000亩原始次生林、1000多亩高原特有的竹类品种刺方竹；还遗存有千年古茶树群落。目前尚保存有三百年以上的古茶树260多株，千年以上的10余株。

小镇茶的历史悠久。境内至今还存在多座神秘的古营盘，其中有两个互为犄角扼住一条古驿道，这条沧桑的老路可南下两广、西至滇藏，这大概就是传说中失落多年的茶马古道了。穿过厚重的历史，耳边仿佛响起千年前古道上驮茶马帮的铃音，嗅到了古道沿途翻锅炒茶的清香。

据考证，七舍种茶、制茶的历史可追溯到清嘉庆五年（1800年），鲁坎村郑氏先祖带来粮种茶果银子等在该村老林组繁衍生息，开始种茶。1933年，"七舍茶"就以正式商品名称在市场流通。七舍茶种植至今已有两百多年的历史，当年郑氏先祖所种植的茶园目前尚存100多亩。二十世纪六七十年代，七舍曾大力发展过茶叶种植，种植面积一度达到2万亩的规模，并拥有传统的制茶技术；20世纪的90年代，江苏、浙江等地客商纷至沓来，同时带来深为消费者喜爱的龙井茶制作技术—扁茶生产工艺。七舍茶深厚的历史文化底蕴，优良的品质，深受市场和消费者的青睐，畅销江、浙乃至全国各地，七舍茶市场潜力大，前景十分广阔。

然而，七舍茶产业的发展也经历了20世纪"大炼钢铁"砍伐古茶树；茶粮茶烟争地，毁灭性砍茶开荒，导致老茶园面积不断萎缩减少的严酷现实。但茶叶这一劳动密集型产业，始终是山区农民脱贫致富支柱产业这一理念，越来越为人们所认识；同时，当地政府部门对茶产业这一富民产业也给予了高度重视，先后出台了一系列的发展规划和政策措施。

2006年，七舍镇制定《茶叶发展规划方案（2006—2020）》和《200亩优质茶叶示范基地实施方案》

2007年，制定了《茶叶产业发展规划》和《兴义市七舍镇万亩茶叶基地建设可行性研究报告》。

2009年，制定了《2009—2010年茶叶产业发展实施方案》《七舍镇2009乌龙茶发展项目建议书》《七舍镇老茶园改造实施方案》《七舍镇人民政府关于全面推进茶叶产业发展的实施意见》。

2010年，制定了《七舍镇2010年茶叶产业发展实施方案》。

2012年，实施了宁波对口帮扶6500亩茶叶种植项目。

2017年制定了《兴义市七舍镇"七舍茶"产业园三年创建方案》文件，决定在2017年内新植茶园5000亩，2018年内新植茶园8000亩，2019年内新植茶园1万亩。

2017年，实施了5000亩茶叶种植项目；2018年，争取到"兴义·余姚"东西部协作扶贫项目资金150万元，在七舍镇侠家米村、糯泥村新植茶叶1000亩。项目覆盖建档立卡贫困户131户491人，在茶叶种植三年生长期中，采取固定分红模式保障贫困户收益，每年按照150万元资金的5%固定分红，即年分红7.5万元，连续分红三年，户均年分红577元。这些相关政策措施，从资金、土地、水电路等基础设施的配套建设上倾向茶产业，推动了茶产业的发展。

自2006年以来，七舍镇党委、政府组织相关专业技术人员，制定了七舍镇的茶叶产业规划、实施方案。在探索、调研、总结经验教训的基础上，提出了打造茶产业重镇，发展茶产业富民兴镇的战略思想，制定了一系列优惠补助政策、土地流转政策。成功引进了昆明华曦生态牧业有限公司、嘉宏茶业公司、好帮手、玉祥茶叶生产合作社等农业龙头企业在七舍境内从事茶产业的发展，使全镇的茶产业呈现一片蓬勃发展景象。

七舍的茶产业发展，在具体实施中历尽千辛万苦。仅仅是在革上沙家寨子组土地流转上就开了16次干群共商会。

一路走来，七舍的茶产业发展经历了资金投入不足、自然界恶劣天气无情的洗礼。2008年百年不遇的凝冻天气；2009—2010年百年不遇干旱；2011年倒春寒百年不遇的雪灾、冻灾，等等。但在所有的困难面前，七舍的茶农茶人们，没有退缩，至今不仅建成了茶园，而且还开发了一系列具有七舍特色的茶产品。

全镇现建有新老茶园2.6万亩。茶叶种植涵盖了全镇6个村113个组2200户。年干茶总产量约80t。现有省级龙头茶叶示范企业2家，示范合作社2家，农民专业合作社13家，加工作坊30余家，镇级茶叶协会1个，优质茶园示范基地6个，年产200t清洁化茶叶加工厂2个，年产500t清洁化茶叶加工厂1个，已取得QS认证（现改为SC）的企业3家。注册的茶叶商标有"七舍茶""松风竹韵""涵香""云盘山高原红""金顶银狐"等20个。2017年，"七舍茶"获国家质检总局批准为国家地理标志保护产品。

小小的一片茶叶，为实现七舍镇群众增收、贫困户如期脱贫，功不可没。

第三章

兴义茶贸

第一节 兴义茶叶贸易简史

一、远古时期茶贸易史

据史料记载：兴义的茶叶贸易（图3-1），最早追溯到唐代，盛于明清。古代的先民们通过"茶马古道"以马帮骡马运输为主要方式，以茶马互市为主要渠道，用茶与沿途及目的地进行马、骡、羊毛、药材、布匹、食盐等商品交换。

图3-1 兴义茶山上的茶青贸易市场（绿茗公司供图）

明代需要大量军马，贵州为此做出了贡献。据《明实录》记载，"洪武十七年五月辛丑，定茶、盐、布匹易马之数，乌撒（即今贵州威宁一带）岁易马六千五百匹。马一匹，给布三十匹，或茶一百斤，盐如之。"

贵州高原，不但出产马，还出产茶。全省87个县（市、区）有84个出产茶叶。古代贵州大部分属四川、云南管辖，所产茶叶被称为"川茶""滇茶"，是向"西番"购买马匹的主要物资。《明实录》有"命户部于四川、重庆、保宁三府及播州宣慰使司（即今贵州省遵义市大部及黔南、黔东南自治州一部），置茶仓四所贮茶，以待客商纳米中盐②地区，由政府登记缴粮的数量，付给价款后，折算应支盐的数量，发给运销凭证，由商人到指定的食盐产地购盐，运至指定地区销售。十五年户部正式制订关于此法的条例。买及与西番商人易马，各设官以掌之"等记载。由于买马的特殊需要，刺激了茶叶生产的发展，贵州因此成为茶马交易的重要场所之一。

从《贵州古代史》上得知，公元前135年，西汉唐蒙出使夜郎时，就发现了夜郎不仅产茶，而且还有他从未见过的繁荣茶市。特别是黔西南的茶市，不仅北上可达繁华的

---

② 纳米中盐：明代的一种盐业政策。洪武三年（1370年）贵州严重缺粮，为鼓励商人运粮至贵州，政府以运销食盐的权利作交换，实行"纳米中盐"法。商人贩运粮食到边疆（包括贵州）。

长安，南下可造船随着南北盘江到达遥远的番禺（今广州）。由此观之，处于北上有陆路，南下有水路的黔西南兴义茶市，古之兴盛，于情于理均说得去。

二、明代茶贸易史

明初，朱元璋实行"调北征南"之后，随着贵州置省以及各级行政建置的不断完善和兴建城池，境内出现"千丈之城，万家之邑"，商业网络初步形成。主要商业活动是官营的食盐运销（实行"纳米中盐"）和马匹经营，一度带来了茶马互市的景观。

各省商人和民间马帮利用川黔滇驿道、川黔驿道、滇黔驿道、楚黔驿道、"龙场九驿"等官道和其他商道，既贩牧贵州马，又进行茶叶的采集、运输。官方则在大量收购储藏茶叶，以备易马的同时，大量收购贵州马。各省商人和民间马帮还将贵州的茶叶、药材等土产远销外地，同时将贵州所需食盐、缯帛等源源运入，促进了商贸的发展。贵州"茶马互市"，繁荣异常。

三、清代茶贸易史

咸丰年间，兴义黄草坝已成为贵州第二大"洋纱"销售市场。光绪二十九年（1903年），兴义府境内有各种商号、行113家。此间，还出现以其省名命名的街巷，如兴义的"云南街""湖南街""川祖街"等；有以其行市命名的"炮仗铺""草纸街""稻子巷""猪市坝"等。黄草坝（今兴义）成为黔、滇、桂三省接壤地区的物资集散地，每场期进出运输商品的马帮的马匹多达2000余匹，交易商品主要有当地的茶、酒、盐和土特产等。

猪场坪是兴义近现代茶叶贸易记载最早进行的地方。据当地吕洪勇（93岁）、陈德芬（91岁）、魏元香（85岁）等老人回忆，"吕金鼎（清朝末年秀才）倡导种植茶园规模宏大，茶叶品质优良，每到产茶时节必定引来四方茶商争相购买，茶叶贸易盛极一时……"

四、民国时期茶贸易史

1942年，黔西南州辖区内各县主要集镇均有马栈、夫栈、旅店、理发、茶馆等服务行业，兴义市有茶馆4家。

据资料记载：由于时局动荡，人们处于食不果腹之中，茶贸一时陷入维谷，茶树遭到大量砍伐。至新中国成立前，县内仅有零星茶树分散种植在林旁、沟边地角和房前屋后，产量很低，年产量仅1.35t（27担）。茶叶交易主要在赶集天，而且交易量基本忽略不计。

五、中华人民共和国成立后的茶贸易史

中华人民共和国建国初期，县内仅有零星分散茶树，多为农民自种自用，进入市场出售者极少，商品生产率极低。1952年全县产茶6.450t（129担），1957年产茶30t（600担）。

据《兴义县志》记载：兴义县供销社系统五个抽样年度茶叶收购情况统计表，其中1952年收购茶叶0.15t（3担）；1956年收购14.2t（284担）；1965年16.3t（326担）；1978年14.2t（284担）；1985年7.85t（157担）。

自1990年前，兴义茶商品除由县供销社收购上调外基本上是自产自销；1991年开始，随着江浙茶商到兴义收购茶青原料就地加工成"龙井茶"初品，兴义的茶叶商品开始外销江浙一带城市。

第二节　兴义的茶叶贸易阶段

兴义茶叶贸易发展过程大概可分为五个阶段。每个阶段茶叶贸易量兴衰都不同程度地影响了当时茶产业的发展。

第一阶段：通过"茶马古道"以马帮骡马运输为主要方式的茶叶贸易，以滇、藏、川三大区域为中心，向外延伸到贵州、广西、湖南等省区，国外直接抵达印度、尼泊尔、锡金、不丹和东南亚的缅甸、越南、老挝、泰国等国家，涉及南亚、西亚等地（图3-2）。根据茶叶贸易的发展，可以推测当时茶产业的发展应该是比较兴旺的。

图3-2 古代先民运茶的鲁屯茶马古道
（郎应策摄）

第二阶段：近现代茶叶贸易。据资料记载：时局动荡，人民食不果腹，茶贸一时陷入维谷，茶树遭到大量砍伐。至新中国成立前，县内仅有零星茶树分散种植在林旁、沟边地角和房前屋后，产量很低，年产量仅1.35t（27担）。茶叶交易主要在赶集天，而且交易量基本可忽略不计，兴义茶叶产业的发展基本上处于停滞或倒退时期。

第三阶段：在新中国成立后到家庭联产承包责任制实行前，茶叶作为统购统销商品，由县供销社、物资公司统一按级订购销售，茶叶在市场上流通较少。1972—1975年，兴义县农业、外贸、供销社等部门支持生产队种茶，引进的浙江金华中小叶实生种进行较大规模的种植（种植面积2万亩），1978年增至2.4万亩。茶园主要分布在七舍、敬南、捧乍、白碗窑、乌沙、鲁布格、桔山、品甸、仓更、下五屯、顶效（万屯磨盘山）等区

及人民公社。当时仅白碗窑公社建有万亩茶场一个，猪场坪公社建有"建国"茶场，万屯公社建有磨盘山茶场，泥溪公社建有泥溪茶场等等。后因粮茶争地争肥争工、水土流失、管理技术跟不上等原因，全县1983年茶地下降到1.86万亩，年产茶85t。茶叶在市场上流通较少，此阶段受历史、政策等因素的制约和影响，茶叶产业发展起伏较大。

第四阶段（1982—2009年）：1982年实行农村土地联产承包责任制后，以玉米水稻等粮食作物生产为主，粮茶争地，茶园面积锐减。1994年，全市茶园总种植面积1.4万亩，至2009年底，兴义市保有茶叶种植面积1.57万亩。这段时期由于茶园分到每家每户，实行市场经济，自由贸易，茶园大部分处于半丢荒状态，茶叶产品开始在市场上自由流通，但贸易流通量无相关数据记载。

第五阶段（2009—2019年）：随着兴义茶叶产品市场的扩大和拓展，品牌创建与提升，茶叶贸易规模逐年扩大。2018年茶叶总产量为601.8t（含苦丁茶），实现产值1.099亿元。2019年全市茶叶总产量623.28t，总产值达1.76亿，全市茶叶种植面积达5.75万亩（含苦丁茶）；2019年稳步增长到6.03万亩。

第三节　兴义古今茶庄、茶店

一、兴义古代茶庄、茶店

传说兴义古代有许多的茶庄、茶店，但苦于无史料明确记载，已湮没在历史的长河中。

据兴义常住居民吴万康、吴忠辉、吴忠纯三位老人追溯，兴义老城区以现街心花园（亦称场坝）为中心，多条街道里面散布着多家茶馆，如铁匠街的吴家茶馆，豆芽街的刘家茶馆，宣化街的徐家茶馆，湖南街的蔡家茶馆四家大茶馆等，其中又数吴家茶馆名气最大，经营最盛，门庭若市。精洁茶馆（俗称吴家茶馆），茶品精选香片、沱茶、砖茶和兴义本地古茶树茶叶。

二、当代的茶庄、茶楼、茶馆

兴义目前的茶叶经营场所有茶庄、茶楼（茶城）、茶馆三类（图3-3~图3-5）：

第一类：兴义所属乡镇建设茶叶基地后，在其乡镇所在地集市开设茶楼、茶馆、茶店。既开展品茶活动，也推销自己生产的茶叶产品。兴义市以七舍镇街上小茶馆最多，目前有13家茶馆茶楼。

第二类：设在兴义市区内的茶庄、茶楼（茶城）、茶馆。以休闲、品茗、销售各类茶叶、展示茶艺、传播茶文化为其主要功能。代表有马鞍山茶艺馆、茶木道、夜郎夫、万峰红茶楼、玉凤茶庄等。

第三类：集品茗和专销某一品牌为主的茶楼。如克妈山的"七舍绿山茶楼"为专销"七舍茶"的专营茶楼，等等。

图3-3 兴义马鞍山茶艺馆
（周鸣蓉供图）

图3-4 茶木道茶楼（集品茗、茶叶销售、茶艺表演、休闲娱乐为一体）（茶木道供图）

图3-5 兴义桔香路的"七舍绿山茶楼"
（鑫缘合作社供图）

第四节　兴义茶的包装、商标与广告

兴义古代的茶叶包装与广告现均查无实物和资料记载。当代的茶叶包装与广告，大致可分为牛皮纸袋、锡箔纸袋及竹木结构的罐、筒、盒等，有的制成类似于香烟的条状，大小不一，形状各异。茶叶广告分为室内、室外及网络广告三大类。广告词及相关图片根据所要宣传茶叶的品牌、寓意等各有千秋。目前兴义茶叶的商标据初步统计有30多个。

图3-6为贵州省南古盘香有限责任公司生产的"子弹头"茶杯和茶叶包装。"子弹头"茶杯包装设计浓缩了越战退伍老兵何文华的参战生涯及返乡种茶的历程，最初灵感源于兴义军分区领导来看何文华时，结合他个人经历设计而成。寓意老兵在战场上保家卫国，退役后为继续发挥军人爱国爱家情怀，为地方经济发展再立新功。

兴义比较著名的商标有"松风竹韵""云盘山涵香""云盘山高原红""云盘山香珠""羽韵

图3-6 "子弹头"茶叶包装
（大坡合作社供图）

绿茗""万峰春韵""南古盘香""金顶银狐""七户人家""革上怡香""绿山耕耘""泥凼何氏苦丁茶"等（图3-7、图3-8）。

图3-7 兴义红茶包装（华曦公司供图）

图3-8 兴义绿茶包装（华曦公司供图）

第五节　兴义当代茶市概览

当代茶市分茶青市场和茶叶成品市场两大市场类型。目前的茶青市场基本上在各茶叶基地内，一是由茶青商贩到茶叶基地内收购，然后运回茶叶加工厂进行售卖。二是茶叶基地业主，开劳务费聘请民工在自己的茶叶基地上采摘茶青，然后收集茶青加工或出售，交易一般在茶叶基地或茶厂内进行。成品茶叶交易是在相关企业、茶叶交易市场和网上进行。还有老客户进行定制订购等交易。

图3-9 兴义市大坝子街传统茶市一角
（张升虹摄）

兴义当代主要茶市（市区内）在兴义的杨柳街、铁匠街、黄草坝、湾塘河一带，主要经营各种绿茶、红茶产品，目前在兴义的荷花塘巷、大坝子一带依然能找到茶市的缩影（图3-9）。

第四章　兴义茶载体

图 4-1 被授予市、州、省级重点龙头企业的
黔西南州华曦生态牧业有限公司（李刚灿供图）

截至2019年年底，兴义市有涉及茶叶企业（含公司、合作社、产业大户）464家；直接从事茶叶种植加工的企业和加工厂有31家，农民专业合作社38家，其中省级龙头企业6家、市（州）级龙头企业8家。正是这些龙头企业、合作社引领着兴义茶产业的发展（图4-1）。

第一节　省级龙头企业

一、黔西南州嘉宏茶业有限责任公司

黔西南州嘉宏茶业有限责任公司是涵盖茶叶种植、加工、销售为一体的贵州省农业产业化经营重点龙头企业、黔西南州州级扶贫龙头企业（图4-2）。公司在平均海拔1880余米的七舍镇建有约2000亩的生态茶茶园基地，同时建有占地面积为5093m²的清洁化茶叶加工厂一个，公司已获SC认证。公司自主开发了"云盘山""七

图 4-2　黔西南州嘉宏茶业有限责任公司
茶叶加工厂一角（罗春阳供图）

舍三得"等茶叶系列产品，绿茶有"云盘山涵香""香珠""七舍绿茶"等；红茶有"云盘山高原红""七舍红茶"等；特色产品有"布依孃孃""桂花茶""古树茶"等。

公司于2008年中国·贵阳避暑季之南明"黔茶飘香·品茗健康""系列活动"炒茶制茶表演赛中荣获二等奖；"七舍·涵香"绿茶在2009年第十六届上海国际茶文化节"中国名茶"评选荣获金奖；2015年5月，"高原红"红茶荣获上海茶博会"2015中国好茶叶"质量评选铜奖；2015年11月，"云盘山高原红"红茶荣获贵州省第一届秋季斗茶赛红茶类金奖"茶王"称号；2015年9月，基地被认定为"无公害农产品产地"；2016年10月，绿茶、红茶被评为"无公害农产品"；2016年12月，"云盘山"商标被认定为"贵州省著名商标"；2017年，"云盘山"牌香珠（绿茶）荣获2017"黔茶杯"评比"一等奖"。

公司采取"公司+基地+专业合作社+农户"的经营模式带动农户增收致富，并以入股分红、收购茶青、种植培训等方式带动约270余户贫困户发展茶产业。

二、黔西南州华曦生态牧业有限公司

黔西南州华曦生态牧业有限公司，先后被评为市（县）、州、省级龙头企业和民营科技企业，2007年在兴义市七舍镇白龙山租用坡地约5000亩，现已建成并投产3200亩茶园，茶园海拔1950~2150m，是全州海拔最高的高山生态茶园（图4-3）。公司依托园区内花海、林海、茶海、竹海四位一体的天然优势，主要开发高海拔生

图4-3 华曦公司花海中的生态茶园一角
（李刚灿供图）

态茶叶种植、生态农业避暑康养、现代农业科普实验教育基地等项目，为人们提供一个"洗心、洗胃、洗肺"的天然养身场所。公司基地内有连片的野生杜鹃花多个品种，茶园内配植有云南樱花、日本樱花、红叶石楠、青波玉兰等花木5万余株，为茶旅一体化项目开发奠定了坚实的基础。

公司生产的"松风竹韵"绿茶，2013年荣获黔茶杯名优茶评比一等奖，2017年秋季斗茶比赛荣获优质奖。公司生产的"碧霞云飞"红茶上市以来，深受广大饮茶爱好者的好评，产品供不应求。个性化饮茶爱好人士则采用私人认领茶园和产品制定模式满足所需。据统计，每年到茶园区内赏花、体验制茶、休闲、观光的人士达3万余人次。

三、兴义市清源茶叶种植农民专业合作社

兴义市清源茶叶种植农民专业合作社，现有合作社社员108户，生产经营方式为"合作社＋基地＋农户"（图4-4）。

合作社在清水河镇补打村海拔1400~1800m的高山上打造并投产了2500亩的高山生态茶园基地，种植有福鼎大白、安吉白茶、乌牛早等优良品种。茶

图4-4 清源合作社茶园基地一角（秦海摄）

园基础设施已配套完备，同时建有1200m²清洁化茶叶加工厂一座。合作社分别荣获"市（县）、州（地）、省级农业产业化龙头企业"称号。2014年合作社法人杨兴林被评为"黔西南州种茶大户"。2015年合作社茶叶基地获"无公害产地"认证，并注册茶叶商标"贵优"。2019年合作社获"黔西南州农民合作社示范社"称号。

合作社以"传统＋现代"的加工工艺制作生态茶，助推乡村经济振兴。茶园日常管

护、茶叶生产加工、销售等为当地百姓带来新的经济收入，年带动当地农户近3000人次就业，年累计为当地农户创收100万元以上，是乡镇、市、州领导和农民群众认可的振兴乡村经济的践行者和助推者。

四、兴义市绿缘中药材种植农民专业合作社

兴义市绿缘中药材种植农民专业合作社在兴义市泥凼镇喀斯特地貌发育典型、石漠化严重的老寨村、学校村建有小叶苦丁茶园基地近1.3万亩。同时建有自己的苦丁茶加工厂，并通过了QS（SC）认证，苦丁茶产品获《全国工业产品生产许可证》证书，注册了"泥凼何氏苦丁茶"商标；基地获无公害产品产地认证。合作社

图4-5 兴义市绿缘中药材种植农民专业合作所获荣誉（陈超文摄）

已获得"市、州、省三级农业产业化重点龙头企业""省、州级产业化林业龙头企业"、国家级省级示范社、"州、省级扶贫龙头企业"等称号。合作社直接带动建档立卡贫困户245户686人，辐射带动农户1000户种植苦丁茶（图4-5）。

现合作社借助何应钦先生的名人效应，加快提升"泥凼何氏苦丁茶"产品知名度，不断提高产品质量，努力向省内外、国内外推广"泥凼何氏苦丁茶"，同时拟将泥凼镇苦丁茶茶园打造成水土保持、石漠化治理与生态修复的典范。

五、黔西南州贵隆农业发展有限公司

黔西南州贵隆农业发展有限公司是集茶叶种植、加工、销售一体的现代茶企，公司在兴义市捧乍镇大坪子村、黄泥堡村、老厂村建有高山生态茶园基地近2000亩。品种有福鼎大白、安吉白茶、龙井43、乌牛早等。公司2018年获"无公害农产品产地"认证。同年获"贵州省级农业产业化重点龙头企业"称号。公司注册有

图4-6 黔西南州贵隆公司生态茶园基地一角（吴俊供图）

"龙马鸣、贵眷茶叶"2个茶叶商标。现申报的8项发明专利，均已获得受理并公示。现主营"贵眷"牌生态绿茶、红茶（图4-6）。

公司以近2000亩茶园基地，旗下有兴义市天瑞核桃种植农民专业合作社，合作社拥有2000m²现代化SC标准生产茶叶加工厂，融合茶叶传统与现代加工工艺，按照生态茶生产和加工技术标准，生产的生态绿茶、红茶深受市场好评。

六、兴义市大坡茶叶农民专业合作社

兴义市大坡茶叶农民专业合作社，在敬南镇白河村建有茶园基地近3000亩。种植的茶叶品种有福鼎大白、安吉白茶、金华小叶种、龙井43、乌牛早等。

合作社现注册有"南古盘香"商标，主营生态红茶、绿茶等茶叶系列产品，是集茶叶种植管理、生产加工、销售为一体的现代茶企。2016年茶园基地获"无公害农产品产地"认证，合作社被评为"市、州、省级龙头企业"，2015年合作社法人何文华被评为"黔西南州种茶大户"。合作社带领村民改扩建老茶园，改善茶叶基地基础配套设施，积极推动当地茶产业的发展，在深山中带领农民群众逐步走向致富之路。

第二节　兴义市（州）级茶叶龙头企业

一、兴义市绿茗茶业公司

兴义市绿茗茶业有限责任公司（原鸿鑫茶庄，1998年注册成立），2009年5月注册成立。公司是一家集茶叶种植、加工、产品开发、销售为一体的市（州）级茶叶龙头农业企业（图4-7）。

公司1000亩生态园现已全部投产，在茶园基地边建有占地面积1500m²、建筑面积800m²的现代化茶叶加工厂一座。

公司注册了"万峰春韵""羽韵绿茗"

图4-7　兴义市绿茗茶业有限责任公司茶叶加工
（杨德军供图）

两个茶叶商标，2009年通过了国家QS（SC）认证。公司绿茶产品获2015年"全省春茶斗茶大赛优质奖"；2017年，"万峰春韵"牌绿茶获第十二届"中茶杯"全国名优茶评比一等奖。公司以"创一流茶叶企业"为目标，秉承"务实、诚信、服务、超越"的理念，采取"公司+基地+农户"的产业化经营模式，借助兴义古茶资源优势，以高素质的员工团队为后盾，将兴义市绿茗茶业有限责任公司创建成贵州乃至全国一流企业，为贵州绿茶更好的发展，做出自己应有的贡献。

公司建成的生态茶园基地1000亩，年产干茶100余吨，产值1000余万元，参与合作的村民及贫困农户200多户，户均增收1.26万元、人均年增收4000元以上，公司的茶产业发展成为当地农民增收的支柱产业，为当地易地移民搬迁新市民就近务工提供了大量的工作岗位。同时公司还带动本区域相邻村组农户种植茶叶2000亩，促进了与茶叶相关的物流、包装、农资、服务等行业的发展，形成强大的产业推动力。

二、贵州天沁商贸有限责任公司

贵州天沁商贸有限责任公司系黔西南州、兴义市人民政府重点招商引资茶企。公司建有茶园基地近3000亩，呈多块图斑分布在国家地质公园"贵州龙化石原位保护馆"核心区域，与周边的万亩森林、丘陵山水连成一体，茶马古道·乌沙段横穿茶园基地（图4-8）。

图4-8 天沁公司有机茶园基地一角
（杨孝江供图）

茶园基地海拔1300~1600m，基地水、电、路等基础设施完备，自然环境优越。目前种植有黔茶1号、苔选0310、安吉白茶、梅占、中茶108、乌牛早等品种。在茶园的行间及周边种植有近三万株冬樱花，在冬樱花开放的11—12月，花香、茶香交织，花海和茶园交错，游人如织，呈现出一幅美丽的茶游观光图。2014年公司茶园获有机产品生产加工资质认证，2015年公司获黔西南州州级龙头企业荣誉称号，2017年成为"贵州绿茶品牌发展促进会"理事单位。2014年公司茶园获有机产品生产加工资质认证，2016年茶园基地获"无公害农产品产地"认证，2019年公司获得SC生产许可证。2019年茶园成为贵州省最有代表性的有机茶园重点示范基地。公司现注册有"黔龙山、黔龙玉芽、黔龙神韵、龙顶仙茗、黔龙洒金红"5个商标。公司为集茶叶生产、生产、加工、销售一体的州级龙头企业。公司主营"黔龙玉芽"牌有机红茶、有机绿茶，"黔龙神韵""黔龙洒金红"等系列产品。在2019年度贵州斗茶大赛中，公司生产的"黔龙玉芽"获"红茶类银奖""绿茶类优质奖"，成为全省唯一一家两项获奖茶企。公司以近3000亩茶园基地和1000m² 现代化SC标准生产车间为基石，以严格的有机茶生产、加工技术标准，生产的有机绿茶、生态红茶产品颇受市场欢迎。

三、兴义市天瑞核桃种植农民专业合作社

兴义市天瑞核桃种植农民专业合作社，成立于2011年11月，经营范围包括茶叶、核桃、果蔬、中药材的种植、加工及销售。合作社在兴义市捧乍镇大坪子村建有无公害茶叶基地1000亩，2012年5月获"州级扶贫龙头企业"；2013年1月获"州级农业产业化经营龙头企业"认定，同年10月获"省级扶贫龙头企业"认定，2014年11月被国家九部委发文评为"国家级示范社"。2015年9月，茶产品获贵州省"无公害农产品产地和产品"认证，截至2016年9月已申请专利4项，2018年6月取得茶叶生产许可证。

合作社拥有2000m^2现代化SC茶叶标准生产车间，以严格的生态茶生产加工技术为标准，合作社生产的生态绿茶、红茶产品深得消费者赞誉。

四、兴义市后河梁子茶叶农民专业合作社

兴义市后河梁子茶叶农民专业合作社，在七舍镇政府"夯基础、强产业、促旅游、带城镇、建生态、构和谐"的总体思路号召下，为解决农村青年就业问题，合作社自筹资金在七舍镇侠家米村后河梁子荒坡上新建了以"福鼎大白、安吉白茶、龙井43"等茶叶品种为主的茶园基地500亩。基地海拔1800~2000m，茶园附近有后河水库和龙滩水库，全年气候湿润多雾，空气清新，土地肥沃，温度适宜，无污染，茶叶生产自然环境优越。基地水、电、路等基础设施配套齐备。

合作社现注册有"革上怡香、万峰之巅、纸厂古茶、千枝艺叶、冰山红翠"5个商标，并注册了"高原云峰标识"。2015年茶园基地获无公害农产品产地认证，2018年被评为州级龙头企业，2019年获得SC生产许可证。合作社的目标是把茶叶的开发与特色农业旅游有机结合起来，探究茶文化内涵，挖掘、开发地方茶文化，推出"休闲观光型茶园"，充分利用茶叶资源，做大做强茶产业。合作社建立以来，每年解决当地农民就业100余人，并带动周边村寨500余户农民种植茶叶2000亩。

五、兴义市高峰韵茶叶种植农民专业合作社

合作社在捧乍镇黄泥堡村建有总面积500亩茶园基地，并建有500m^2加工厂房一栋，年加工明前干茶2t左右，产品除在本地就近销售外，还远销北京、云南、四川等地。

合作社2015年2月获得了"州级龙头企业"，2017年8月获农业部"无公害农产品"认证，2017年10月注册了"高峰韵绿茶"商标。2018年12月份获贵州省农业委员会"无公害产地"认定，2019年12月份获"黔西南州农民合作社示范社"称号。

基地建设以合作社牵头示范、带动当地农户参与种植的方式进行。目前，合作社已

带动黄泥堡村35户农户种植茶叶，基地年平均解决劳动力临时务工1000余人次（贫困劳动力50人次）；并以独特的茶叶生产技术和制茶工艺，创立了具有强竞争力和影响力的"国品黔茶"品牌。

六、兴义市万民农民专业合作社

兴义市万民农民专业合作社，2018年1月获农业产业化经营"州级龙头企业"称号。合作社在敬南镇高山村荒坡、荒地上流转土地的共3000亩，种植"福鼎大白茶、名山白茶131"两个品种，注册有"云雾岭茶"商标。

茶园基地山高坡陡谷深，林密路幽，区域内全年湿润多雾、空气清新、土地肥沃、温度适宜，无任何工、矿污染，是种植优质茶叶的天然环境。基地茶园建成后被誉为兴义乃至贵州"最险峻"的高山茶园基地。站在茶园的高山上鸟瞰国家级风景区"万峰林"，但见千万山峰尽在脚下，风景独好，是兴义茶旅的又一处胜景。

茶园基地建设以来，年均解决当地季节性农民工就业300余人，带动周边村寨500余户农民种植茶叶2000亩。目前，合作社加工厂房建设已基本完成，设施设备完善，茶叶产品已逐步推向市场，并着力打造自己的茶叶品牌，开展茶旅一体化现代农业融合发展实践，更好地带动当地山区农民群众脱贫致富奔小康是合作社的最终目标。

七、兴义市裕隆种植农民专业合作

兴义市裕隆种植农民专业合作，位于兴义市七舍镇马格闹村，是一家集茶叶生产、加工、销售为一体的农民专业合作社。以"合作社+农户+基地"模式运营，现注册有"福白龙"茶叶商标。合作社在七舍镇糯泥村与农户共建了500亩的优质茶园种植基地，茶园由农户建设和日常管护，合作社对茶叶基地进行技术服务，签

图4-9 兴义市裕隆种植农民专业合作合股茶园一角（方彦安供图）

订产品收购、加工、销售合同协议，建立基地茶青由合作社保底回收，加工成成品茶进行销售，产品利益与基地农户共享的利益联结模式（图4-9）。

合作社现年产成品干茶叶3t左右，茶叶产品大多为私人定制的中高端产品，市场销售潜力大，产生了较好的经济效益，对当地的脱贫攻坚工作起到了积极的助推作用，被评为州级"龙头企业"。目前，合作社正努力整合各种资源优势，提高自身综合实力，在

现有中高瑞产品的基础上，研制属于自己的大宗茶产品，大力开拓茶叶产品市场，为助力脱贫攻坚、更好地带动当地茶农致富作出不懈的努力。

八、贵州万峰红茶业有限公司

贵州万峰红茶业有限公司，主要从事茶叶种植、加工、销售，2019年被评为州级龙头企业。公司在七舍镇鲁坎村有建筑面积1000m²的茶叶加工厂，主要生产绿茶（翠芽、毛尖、毛峰、扁形茶等）、红茶（小种红茶、工夫红茶等），采用高、中档系列包装，注册商标"万峰红"。坚持"公司+基地+农户"的模式，建成优质茶园基地500亩，带动农户建成茶园基地1000亩（图4-10）。

图4-10 贵州万峰红茶业有限公司茶叶基地一角
（潘扬勋供图）

第三节　典型合作社及公司加工厂

一、兴义市鑫缘茶业农民专业合作社

兴义市鑫缘茶业农民专业合作社，位于兴义市七舍镇七舍新村。七舍村有近300亩茶园基地，种植有安吉白茶、福鼎大白、乌牛早、龙井43等品种。基地茶园以其独特的高原气候、优良的自然环境条件，利用现代化的标准生产车间及加工设备，整合传统制茶与现代加工工艺，严格执照"七舍茶"的生产、加工技术标准，生产生态绿茶、红茶产品投放茶叶市场。

2014年注册有商标"绿山耕耘"，2015年合作社法人宦其伟被评为"黔西南州种茶大户"，2017年合作社茶叶基地获"无公害产品及产地"认证，同年在兴义市克妈山安置区建立"七舍绿山茶楼"旗舰店，2019年12月被评为"贵州省农民合作社示范社"。合作社从成立至今，从茶园日常管护、茶叶生产加工等带动当地农户近10000人次就业，年累计为当地农户创收100万元以上。

二、贵州玉堂春农业发展有限责任公司

贵州玉堂春农业发展有限责任公司，位于兴义市木贾街道干沟村。公司初建茶园约400亩。基地海拔1400~1600m，云雾缭绕、气候温和、雨量充沛、昼夜温差大，特别是

茶山下的毛栗寨水库大水体，产生的水雾，时常弥漫整个茶山，茶树能够获得更多的漫射光，使基地茶叶能够更多的积累和丰富有机物质，让生产出的茶产品有更饱满的滋味口感和更馥郁悠长的香气。茶园种植的茶树品种为乌牛早、名选131和普安古树茶，公司茶园基地是兴义茶青最早采摘上市的茶园基地（图4-11）。

图4-11 喀斯特石山区中的古树茶园一角（玉堂春农业发展有限责任公司供图）

公司目前已注册有"万峰叠翠""仙马足迹"两个商标，以生产绿茶（扁形、卷曲型）、红条茶为主，拟建茶叶加工厂一个。公司以服务客户为宗旨，带动周边农民增收致富为己任，积极发展茶产业，一边开拓市场一边整合基地，修建茶区道路、增设水利设施。通过公司生产经营，逐步带动周围农户种植5000亩茶园，企业为本地经济的快速发展、共同致富作出了积极贡献。

三、兴义市春旺茶叶加工厂

兴义市春旺茶叶加工厂位于贵州省兴义市七舍镇。茶厂建立于2013年4月，占地面积300m²，历经两次较大升级改造，目前每年只生产一季春茶，产量1t左右。加工厂的茶青原料全部来自当地村组农户自产自销的生态茶园。加工厂采购茶青，严格把控茶青质量。法人兼制茶师傅荀仕旺具有多年的茶叶生产、加工和手工制茶经验。在2018年6月的"乌撒烤茶杯"贵州省第七届手工制茶技能大赛中获"（扁形）绿茶赛项一等奖"，在茶叶生产、加工中带动当地群众脱贫致富奔小康、促进当地茶产业的发展，效益显著。2019年荀仕旺被分别授予"黔西南州五一劳动奖章""贵州省五一劳动奖章"。

春旺茶叶加工厂积极响应各级政府号召，与时俱进，本着以质量求生存、以科技求发展、以口碑求壮大的原则、以七舍茶青为依托、以加工厂为平台、以助力脱贫攻坚为契机，不断提高茶叶加工技术、拓展产品销售渠道，在不断实现营收增长的同时，持续带动农户增收，合力助推七舍茶产业的发展。

四、兴义市清水河镇洛者茶叶种植农民专业合作社

合作社在兴义市清水河镇双桥村、补打村，海拔1400~1600m建有茶园基地1047亩，其中50多年老茶树330亩，种植品种有浙江京华小叶种、龙井43。在茶园中央心区建有

400m²厂房，基地水、电、路等基础设施完备（图4-12）。

合作社现生产的绿茶在市场上得到高度认可，色香味俱佳，回味极其独特，口感纯正，得到消费者的一致好评，茶叶产品畅销。合作社炒茶技术员张廷华2019年4月参加2019年全国茶叶（绿茶）加工技能竞赛暨"遵义红"杯全国手工绿茶制作技能大赛荣获三等奖。

图4-12 洛者合作社茶园基地、厂房一角
（洛者合作社供图）

五、兴义市乌舍种养殖农民专业合作社

兴义市乌舍种养殖农民专业合作社，系集绿茶和红茶种植、加工、销售为一体的"村社合一"农民专业合作社（图4-13）。

近年来，在全面实施脱贫攻坚行动中，兴义市泥凼镇党委、政府把发展茶产业作为脱贫致富的特色产业之一，大力发展苦丁茶和绿茶。按照"茶叶加工厂+合作社+农户"的经营模式，合作社目前建有茶园基地近1000亩，呈多块图斑散布在乌舍村广袤的森林空隙中及丘陵疏林地带上。

茶园海拔800~900m，低纬度、中低海拔、升温早、多云雾的地理环境，让乌舍春茶的采摘时间比省内其他地方早10~20d。当地出产的茶有独特的茶香，素有"黔茶第一春"美誉。

合作社现注册有"春花茗缘"商标，主营乌牛早牌绿茶；兼营"春花茗缘"（柚子花茶、桂花茶）、"橘香茶语"等系列绿茶、红茶、花茶产品。合作社监事卢连春在2018年度黔西南州第一届手工茶制茶大赛中"手工卷曲形制作"获得二等奖。

合作社以1000亩茶园基地和500m²现代化SC标准生产车间为基石，以传统茶叶加工技术结合现代茶叶加工工艺，严格生态茶生产、加工技术标准，生产生态绿茶、红茶产品投放茶叶市场。

图4-13 乌舍种养殖专业农民合作社
茶园一角（卢连春供图）

六、兴义市宏富茶叶种植农民专业合作社（州级合作联社）

兴义市宏富茶叶种植农民专业合作社，经营范围为茶叶种植、加工及销售（图4-14）。

合作社在兴义市七舍镇马格闹村建有约1300m²的加工厂1座。并于2019年底在七舍镇糯泥村与农户合作建立示范性茶叶基地200亩，同时与周边几个村组农户建立了2000亩的茶园合作经营关系。合作社采取"公司+合作社+农户"的经营模式，

图4-14 宏富茶叶种植农民专业合作社茶园一角（宏富合作社供图）

利用兴义市晨韵茶业有限公司注册的"黔舍茶香、清舍灵芽"和合作社注册的"七舍韵味"商标品牌，共同打造七舍茶品牌，以期将把七舍茶做大做强。2019年12月合作社被授予"黔西南州农民合作社示范社"称号。

合作社积极响应党中央、各级政府号召，把振兴乡村经济作为动力和使命，年带动当地农户就业近2000人次，年累计为当地农户创收200万元以上。

七、贵州弘晖生态旅游开发有限公司

贵州弘晖生态旅游开发有限公司成立于2019年7月，现已建成生态有机茶茶叶加工厂房1400m²，在敬南镇白河村、吴家坪村已流转土地500亩，种植安吉白茶、龙井43、梅占、乌牛早等品种。公司是集茶叶基地建设、生产加工、品牌打造、旅游观光为一体的综合性茶企（图4-15）。作为兴义市敬南镇人民政府的招商引资企业，公司鼎力建设"兴义市敬南镇白河茶

图4-15 贵州弘晖生态旅游开发有限公司茶叶加工设备一角（弘晖公司供图）

旅一体化项目"，打造生态种养殖、农产品加工、文化休闲旅游融合发展的产业园区。以主题化、特色化、可实施化为原则，开发茶叶种植园、茶叶加工厂、亲子游乐、民宿体验、生态休闲、乡村旅游等功能，打造以茶文化体验为核心的特色产业园区，有效推动敬南镇茶产业的发展。弘晖茶叶加工园区的建立，带动全村乃至全镇农户科技种茶，使全镇生态有机茶种植和加工规模化、优质化，有效解决农村剩余劳动力就业问题。

八、贵州七户人家农业有限公司

贵州七户人家农业有限公司（前身是为2011年11月成立的兴义市隆汇种植农民专业合作社），位于兴义市七舍镇鲁坎村。公司以"生态、和谐、共生"为理念，专注生态茶种植、加工、销售，已获"无公害农产品产地"和"无公害农产品"认证，注册有"七户人家"商标。现有"白茶、老树茶、生态茶"三个主要产品，其中"七户人家生态茶"被选为第五届"中国美丽乡村·万峰林峰会"嘉宾用茶。

茶园平均海拔1880m，有"雨天云贴地，晴天雾罩园"的自然生态，基地周边无任何工矿污染，森林覆盖率达50%以上，至今还生长着几百上千年的野生古茶树。

"七户人家生态茶"按有机茶标准进行生产、加工管理，严格控制加工过程，确保清洁化生产。系列茶品香清悠长持久，汤色清澈明亮，口感回甘生津。

九、兴义市颜芽红种植农民专业合作社

兴义市颜芽红种植农民专业合作社目前拥有茶龄70年老茶园（金华小叶种）60亩，带动周边300余农户新植茶乌牛早茶园1000亩，同时还带动周边农户管护好老茶园300亩（图4-16）。合作社现注册有"软黄金茶、颜芽红"商标。

图4-16 兴义市颜芽红种植农民专业合作社生态茶园（颜芽红合作社供图）

合作社生态茶园位于兴义市鲁布格镇新土界、中寨、坪上村，茶园大多位于海拔1600~1680m坡地上，基地山高坡陡谷深，林密路幽，区域内常年湿润多雾、空气清新、土地肥沃、温度适宜，无任何工、矿污染，环境优势显著，茶叶为纯正的生态茶。合作社在鲁布格镇中寨鸡山组建有占地面积1130m²的茶叶加工厂房及附属设施，设施能力可年产软黄金优质茶25t，颜芽红白茶20t，老婆茶5t。

在茶园高山上鸟瞰省级风景区"云湖山"，观云山雾海、赏日月同辉，风景独好，是兴义茶旅的又一处胜景。

目前合作社茶产品已逐步推向市场，着力打造自己的茶叶品牌，开展茶旅一体化、生态农业融合发展实践，更好地带动当地山区农民群众脱贫致富奔小康。

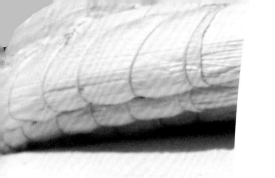

第五章 兴义茶类

兴义茶叶以传统的绿茶为主,外形以卷曲形为主,另有针形、扁形;红茶是近年来才逐步兴起的一个茶类加工产品。其加工工艺、加工器械也是在不断的进化。近年来,兴义市逐步打造了一批绿茶、红茶种类和品牌(图5-1)。

图5-1 兴义市加工的绿茶、红茶产品(嘉宏公司供图)

第一节 兴义绿茶制茶工艺的演变

兴义绿茶制茶工艺的演变历程,是以七舍等老茶区为代表的民间传统手工制茶(卷曲型),向近代、现代的半机械半手工制茶(卷曲型、扁形),再向当代的机械加工制茶(卷曲型、扁形)三个阶段逐步演变的过程。

一、兴义传统卷曲型手工绿茶制茶工艺(以七舍镇为代表)

兴义绿茶加工工艺历史悠久,在不断的实践、总结、提升中,逐步形成了自己的一套加工工艺,现以七舍镇绿茶加工工艺为代表简述兴义绿茶加工工艺技术要点:

选择合格茶青→摊凉(用"筛子、竹篮")→翻炒(柴火铁锅杀青10~15min)→一揉(起锅在筛子、竹篮内揉捻8~10min)→二炒(5~8min)→二揉(3~5min)→炒干(失水率达80%以上)→摊凉(一般4h左右)→回锅(成品茶失水率达95%以上)→贮存(成品茶在瓦罐中保存)。具体做法是:摘回茶青鲜叶后,将采摘的茶青摊放在干净的簸箕上,厚度以7~10cm为宜,摊放时间4~8h,中间适当翻叶。鲜叶摊放含水量达到68%~70%时,叶质变软、发出清香时,即可进入杀青阶段。用柴火将大铁锅烧热,将茶叶放在高温的锅中翻炒(杀青),杀青后,茶青叶色呈暗绿,手捏叶质柔软,略有黏性,梗折不断,手捏成团,略有弹性,青草气消失,茶香溢出;然后在筛子或竹匾内用双手反复揉捻、二炒、再揉、炒干、摊凉、回锅制成新茶,并在瓦罐中保存新茶。当地茶农将炒好的茶叶放在瓦罐中保存后,滋味更加厚重甘醇,还有治疗痢疾的奇效。当地炒茶师傅们认为此种方式能够保存茶的灵魂。兴义七舍民间传统世代相传的制茶工艺，至今已传至第五代，遵照炒茶先师的示训，现任的炒茶继承人要在80岁前将古法手工制茶技艺传世，如今，许多年轻人正在将这一古老的制茶工艺传承发展，不断与现代制茶技术相结合创新，进一步提升茶叶品质。

二、兴义手工扁茶（绿茶）制茶工艺（以猪场坪镇制法为例）

手工扁茶制茶，是兴义名优茶制作的开始。20世纪90年代初，江浙一带茶商到兴义收购茶叶，并就地加工成"龙井茶"销往江浙一带市场，兴义的技术人员学习外地茶商的制作技术，并结合传统的炒茶经验，逐步摸索出一套兴义扁茶制作技术。其工艺流程为：摊晾→杀青→做形→干燥→摊晾→回锅（辉锅）→成品茶。

做法：首先用"筛子、竹篮"等工具将其采摘的茶青摊晾挥发掉茶青中多余的水分（俗称倒威）。将摊晾好的茶青倒入热锅中进行杀青（图5-2），一般每锅放入茶青500g左右，在热锅中均匀翻炒大约5min，热锅的温度控制在280℃左右（杀青时以抛闷结合，先闷后抛）。然后将锅温逐步降到180℃左右进行手工做形、干燥，大约10min（在此过程中，手法以搭、抹、抖、压相结合，做到手不离茶，茶不离锅），当失水率达80%以上，有刺手感时起锅进行摊晾，摊晾4~8h，当梗中水分均匀传导到叶片后进行辉锅。其中杀青这道工序温度控制非常重要，传统手工绿茶扁茶是用柴火锅炒茶，锅温由制茶师傅感知决定，锅温低会出现杀青杀不透、茶梗变红、溢出怪味等问题，从而不出茶香；锅温高会导致茶叶被烧焦，直接影响茶叶的香气、滋味及整体品质，因此锅温控制是本道工序的关键点。

做形需要把握好力度和时间，辉锅后的干茶残留水分需控制在5%之内，避免干茶内活性酶继续发酵，造成返青，从而改变茶的口感。这道工序的重点是重复干燥茶叶，既不能烧焦茶叶，也不能干燥不彻底。最后将烧焦或者碎掉的不良品茶叶筛除。

图5-2 兴义20世纪90年代柴火炒茶锅灶（黄凌昌摄）

扁形绿茶制作完成后放冰箱里冷藏保存，低温降低酶的活性，避免干茶变质造成绿茶的香气和滋味持续性散失，冷藏的绿茶就能更持久地保留其本身的滋味。手工制作的绿茶香气能比机器制成的绿茶保留时间更长。

三、兴义当代的半手工半机械制茶器具演变

半手工半机械制茶工艺结合了传统手工制茶和机械加工制茶的优点，其工序流程与手工制茶基本相同。其区别一是燃料由柴火变成了电能；二是生活多用型的铁锅变成了炒茶的专用锅。炒茶工艺在纯手工的基础上更进了一步。

绿茶加工器具的演变过程：合用锅，专用锅，小型机械锅炉，一套机械锅炉的演变：1992—1994年，江浙一带茶商到兴义收购茶青，并就地加工成"龙井茶"销往江浙一带市场，同时带来了当时较为先进的手工电炒锅，炒制"龙井茶"，从此兴义绿茶炒制从柴火炒制变成了电能炒制，传统的柴火炒茶铁锅逐步演变成电能炒茶专用锅，传统工艺炒茶融入了现代半机械加工制茶的行列。

四、兴义当代的机械加工制茶演变

2011年，黔西南州嘉宏茶业有限责任公司、黔西南州华曦生态牧业有限公司先后引进了当时较为先进的一体化茶叶加工机械（摊晾、杀青、揉捻、烘干、提香），从此兴义茶叶加工逐步由传统手工工艺向当代的机械加工工艺演变。其形成了以机械加工工艺为主，传统工艺加工为辅，二者并存的茶叶加工工艺格局。传统手工制茶工序流程复杂，成本较高，所制茶精细，一般只做名优茶、高端茶，在兴义茶叶总产量中所占比例较小。机械制茶具有速度快，炒制茶叶量大，适宜大宗茶叶加工，是兴义茶叶产品加工的发展方向。

第二节　绿茶类

兴义茶叶以传统的卷曲形绿茶为主，另有扁形、针形等。近年来，兴义市逐步打造了一批绿茶品牌。原料以浙江金华种、福鼎大白、龙井43、乌牛早等品种为原料；采取春、秋1叶1芽或2叶1芽茶青为主。制作的绿茶外形条索紧实、匀整、显毫，色泽褐绿、香气持久、汤色清澈明亮、滋味甘怡鲜爽，口感清香，叶底黄绿匀整，品质独特。

一、涵　香

涵香属高原绿茶，内含物丰富，其外形为卷曲形、毫多、绿润，汤色嫩绿清澈，清香持久，口感清爽、回甘强劲、滋味醇厚。"七舍·涵香"绿茶在2009年第十六届上海国际茶文化节"中国名茶"评选荣获金奖，"云盘山"涵香（绿茶）茶获2017"黔茶杯"评比"二等奖"。

二、云盘山香珠

香珠绿茶属夏茶，其外形颗粒圆紧、色泽绿润、身骨重实、如同珍珠，汤色嫩绿清澈，香气高浓，口感回甘强劲、滋味醇厚。2016年获贵州省第四届"黔茶杯"特等奖，2017年获"黔茶杯"评比"一等奖"（图5-3）。

图5-3 云盘山涵香绿茶（嘉宏公司供图）

三、"松风竹韵"茶

"松风竹韵"产自兴义市七舍镇革上村白龙山，条索紧结，色泽翠绿，清香持久，鲜爽生津，汤色嫩绿明亮，口感醇和，因采用"古法＋现代"相结合的制作工艺，是鲜、香、甜的上等好茶。该款茶2013年荣获"黔茶杯"一等奖，2017年贵州省斗茶比赛中获得"优质奖"同时，被推荐选送2018年中央两会指定用茶（图5-4）。

图5-4 "松风竹韵"绿茶（华曦公司供图）

四、万峰春韵

万峰春韵是兴义市绿茗茶业公司生产的一款绿茶，分为A、2A、3A、4A四个系列。A的茶青标准则是1芽2叶，2A的茶青标准是1芽1叶，3A的茶青标准是1芽1叶初展，4A的茶青标准是"单芽"。万峰春韵外形卷曲、嫩绿油润、显毫紧细，茶汤色泽嫩绿明亮，口感回甘持久，细品有淡而清新的兰花香，得到茶界很多专家的认可，深受消费者的好评，在市场上供不应求。2017年8月"万峰春韵"生态毛尖荣获第十二届"中茶杯"全国名优茶评比一等奖。

五、黔龙玉芽

黔龙玉芽绿茶由贵州天沁商贸有限责任公司生产，是目前兴义市唯一一家经过相关部门认证的有机茶产品。"黔龙玉芽"绿茶在2019年度贵州省秋季斗茶大赛中获"优质奖"。

第三节　红茶类

兴义红茶类加工起步较晚，近年来，兴义红茶类典型代表有黔西南州嘉宏茶业有限责任公司生产的云盘山高原红；贵州天沁商贸有限责任公司生产的有机红茶"黔龙玉芽"；兴义市鑫缘茶业农民专业合作社生产的"绿山耕耘"红茶等。其他公司、合作社也在试制红茶。多采用夏秋季2叶或3叶1芽茶青制作；品种以浙江中小叶金华种、梅占、乌牛早、龙井43为主；茶青多以2叶1芯、3叶1芯为主；春、夏、秋茶青均可制作红茶；兴义红茶有卷曲形、针形等，多以卷曲形为主。龙井43所制作红茶具有甜香味；其他品种有各种花香味。兴义卷曲形红茶条索紧细、有毫，色泽乌润，汤色红艳明亮，花香明显，口感醇厚、回甘强劲。

兴义红茶的工艺流程：规格茶青→萎凋（3h左右，失水至茶青水分在50%~60%时）→揉捻（揉捻达到茶青成条、针形为止）→发酵（发酵时间4~5h左右）→烘焙成形，（有针形、卷形等，形固定后）→烘干→提香，低温长提2h左右；高温快提，40~60min。两种提香方法，直到出香为止。茶叶有清香，浓香成品两种类型。清香形成品汤色金黄；浓香形成品汤色金红色。

一、云盘山高原红

图5-5 云盘山高原红茶

图5-6 云盘山高原红获奖证书
（嘉宏公司供图）

云盘山高原红外型卷曲、条索紧细、有毫，色泽乌润，汤色明亮，花香明显，口感醇厚、回甘强劲（图5-5）。其2015年5月获上海茶博会"2015中国好茶叶"质量评选铜奖，2015年11月获"2015年贵州秋季斗茶赛"红茶类金奖，2017年获"黔茶杯"评比"二等奖"（图5-6）。

二、黔龙玉芽

黔龙玉芽红茶是贵州天沁商贸有限责任公司生产的有机红茶，该款红茶在2019年度贵州省秋季斗茶大赛中获红茶"银奖"。

第四节　其　他

兴义自古就有野生苦丁茶（入药），目前在许多乡镇都有不同种类和品种的野生苦丁茶生长。由兴义市绿缘中药材种植农民专业合作社生产的泥凼"何氏苦丁茶"（中药代茶）在兴义的茶类中独树一帜。

一、泥凼何氏苦丁茶

又名"青山绿水"，产于兴义泥凼（历史名人何应钦先生的故乡），属木樨科粗壮女贞，产品外形紧细、色泽润绿，清香四溢、茶香悠远，茶汤黄绿明亮，叶底鲜绿，饮之微苦，回味甘甜，舌苔生津，韵味绵长；内含糖、还原性糖、蛋白质、多酚类物质、多种氨基酸、人体必需的微量元素（图5-7）。

图5-7 兴义市绿缘中药材种植农民专业合作社生产的泥凼"何氏苦丁茶"产品（合作社供图）

苦丁茶加工工艺流程：苦丁茶目前主要有4种不同外形，即普通型（无规则形状）、针型、卷条型、珠型。其加工工艺技术与绿茶相似，但又糅合了其他茶类加工工艺，主要工艺流程有：萎凋（至含水量为65%~70%）→杀青（叶色暗绿，手折梗不断，手捏成团后松手会慢慢弹开）→揉捻（初揉成需要的形状）→沤堆（至叶色黄绿，闻之有清香）→造型（同揉捻）→初烘（至七八成干）→复火（至含水率达7%以下）→精选包装，其中造型这一工序视苦丁茶外形要求具体作。

成茶品质特点：茶条粗壮紧卷，重实，色泽乌润；香气鲜爽甘醇，汤色浅绿或黄绿清澈，滋味微苦略带参味，叶底绿亮。饮后回甘，口感怡适，经久耐泡，滋味持久。

二、甜 茶

兴义捧乍镇平洼村有一种野生的灌木型植物，科属种不详，其长出来的叶片带着一种特有的清甜，人们便给它取名为甜茶。当地群众传统上用叶片放入冷凉水中浸泡1~2min，即可当甜茶水饮用；也可将其叶片自然晒干后，沸水冲泡成甜茶水饮用。该茶目前尚待保护开发利用。

三、小桔灯

黔西南州木知心茶业文化有限责任公司生产的"小桔灯"，是该公司自主研发的一款红茶产品，投放市场以来，深受消费者青睐（图5-8）。

四、糯米香茶

兴义捧乍镇发现了一种发出糯米香气的草本植物，当地群众称之为野生糯米香茶，常年泡汤饮用。现正对该茶进行保护研发中。

图5-8 黔西南州木知心茶业文化有限责任公司 "小桔灯" 茶叶产品（周鸣蓉供图）

五、兴义中药代泡茶

较为典型的中药代泡茶有以下几种：

（一）兴义黄精茶

黄精（*Polygonatum sibiricum*），又名：观音苔、黄鸡菜、笔管菜、爪子参、老虎姜、鸡爪参。为黄精属植物，根状茎，圆柱状，结节膨大。

黄精茶原料及制法：选取兴义当地道地多花黄精药材的根状茎切片、干燥，采用古法技艺与现代科技相结合，九蒸九晒泡制而成，黄精茶属于中药饮片茶。具有益脾胃、养健润肺、滋肾填精、降血糖等功效。当地群众多在饭前饭后、或睡觉前当健身茶饮用。

（二）兴义山银花茶

兴义山银花（地方俗名金银花），属忍冬科忍冬属滕蔓道地药材。兴义传统上多用其花作为代泡茶冲泡饮用。既能当茶解渴，又具有解毒、消炎、杀菌、利尿和止痒的作用，对治疗暑热症、泻痢、流感、急慢扁桃体炎、牙周炎等疾病很有帮助。兴义山银花，因其产量高，品质特色明显，2019年获得国家农产品地理标志登记。

兴义民间的山银花茶有两种，一种是鲜山银花花蕾与少量绿茶拼和，按山银花茶窨制工艺窨制而成的山银花茶；另一种是用烘干或晒干的已完全开放的山银花与绿茶拼和而成。夏秋季天气炎热时，兴义人民更喜欢饮用。

（三）兴义绞股蓝茶

绞股蓝（*Gynostemma pentaphyllum*）葫芦科绞股蓝属多年生草本攀援植物；茎纤细，具分枝，具纵棱及槽，无毛或疏被短柔毛。绞股蓝喜阴湿温和气候，多野生在林下、小溪边等荫蔽处。兴义全境都有绞股蓝分布，1986年，国家科委在"星火计划"中，把绞股蓝列为待开发的"名贵中药材"之首位，2002年3月5日国家卫生部将其列入保健品名单。

绞股蓝茶取材于绞股蓝叶腋部位的嫩芽和龙须，经加工而成。其茶汤色清澈，可连续冲泡4~6次，而汤色不减。主要作用有降血脂、调血压，防治血栓、心血管疾患、调节血糖、促睡眠、缓衰老、防抗癌、提高免疫力，调节人体生理机能。还能保护肾上腺和胸腺及内分泌器官随不年龄的增长而导致的萎缩，维持内分泌系统机能。绞股蓝茶是兴义的民间传统保健茶。

此外，兴义民间还采用石斛、桂花、菊花等中药的根、茎、叶、花等分别泡制成多种代泡茶饮用。

第六章

兴义茶山茶泉茶韵

第一节　兴义名茶山

一、白龙山

兴义境内名山大川较多，山岭绵延起伏，自古有"九龙护兴义"的说法（九龙泛指兴义境内的九条山脉）。兴义茶区内的名山大多属境内的七捧高原白龙山脉及支脉。狭义的白龙山主要指七舍镇的革上、七舍村的山脉。东至革上村小寨组，西至革上村纸厂，南至革上村街上，北至七舍镇与白碗窑交界处，主峰最高海拔

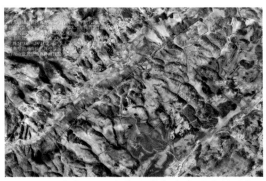

图6-1　白龙山四至界限（自然资源局供图）

2207.7m（图6-1）。白龙山是兴义集茶园基地建设、自然风光、旅游养生、休闲避暑、生态旅游、科研考察为一体的山脉景观。

二、火焰山

捧乍古镇茶园辖区有名山"火焰山"，坐落于捧乍古城南门外，是捧乍古镇最高的山峰，峰丛突出于台地，大小分置、高矮搭配，错落有致，犹如燃烧的火焰腾空，故名"火焰山"。据说过去捧乍西门城外经常发生火灾，百姓苦不堪言，请得一风水先生研考，并出计："此火灾因火焰山而起，只需打制一口石缸放在山顶，装满水镇住火焰，火灾即可减少"。于是当地老百姓便打了一口石缸抬到山顶，盛满水，镇住火焰，火灾果然减少。天气晴好时，站在"太液天池"的背面观看水中，"火焰山"的倒影呈现于绿水碧波之中，景色十分迷人，成就了捧乍古镇八景之一的"焰山倒影"奇观，是人们茶余饭后的休闲胜地。

三、云湖山

云湖山（俗称"小台湾"）位于兴义市西南部的鲁布格镇境内，西与云南罗平县交界，南端与广西西林县隔河相望，北起鲁布格电站北端，南至三江口，为茶马古道兴义段的必经之地。周边茶树资源丰富，云湖山北麓的中寨、新土界等村现仍保存有20世纪70年代的老茶园500亩，区域内现合计共有近2000亩的新老茶园，其茶叶产品在当地广受好评。云湖山在兴义万峰湖畔，来自万峰湖的清新水汽，滋润出优越的自然环境，滋

养着丰富的野生动植物资源和岩溶生态景观，被誉为黔滇桂接壤处一颗璀璨的旅游明珠。森林覆盖率高达82%，年平均气温16~17℃。登临云湖山品茗，看日月同辉，观云海日出，览滇黔桂大地，万里江山尽收眼底，山出云端，真正领略"一览众山小"的诗情画意（图6-2）。

图6-2 云湖山日出景观（张帅供图）

第二节　兴义茶名泉

一、兴义城区的茶名泉

贵州省兴义（黄草坝）从清朝至民国时期城内有水井20多口，其中4口为名泉。清末民初的兴义城区饮用水源有沙井街的冒沙井，向阳路的牛角井、四方井，市府路的双包井，城南的梅家井，笔架山的龙潭车家井，花桥河井（俗称姑娘井），水口庙吊井等10余口井。其中，以冒沙井、梅家井水质最好，水量最大。据传说，当时兴义的茶馆、茶楼用水主要是冒沙井、梅家井、牛角井、四方井的井水和泉水。而居民用水主要是现今穿城而过湾塘河水。

二、大、小滩

兴义猪场坪乡，是兴义市主要产茶乡镇之一，水源分布较广，其中以丫口寨村的大、小滩最为出名（图6-3）。该泉水清醇甘冽，终年不断。大滩与小滩水平距离约400m，高低落差约30m，大滩沿着山脉延伸一小段就来到小滩。泉水周围四时风光各不相同，晴天犹如一块翡翠，雨后常有彩虹悬挂，风起时碧波荡漾，起雾时又如人间仙境。

图6-3 兴义市猪场坪乡大滩名泉（江超摄）

三、碧云胎泉

捧乍古镇"碧云胎泉"位于捧乍城北门外教场坝边穿云洞内的"碧云胎泉"。清道光年间《兴义府志》中称为"碧云泉"，并说："碧云洞岩下滴水，水澄味冽，不涸不流"。

泉边"胎泉"石碑残存。"泉"字边款刻："嘉庆庚辰季夏"（1802年）字样，故有"碧云胎泉"之称，为当时人们在穿云洞中举办"观音会"时沏茶炊饮之用（图6-4）。

图6-4 碧云胎泉（董科摄）

四、堡堡村水井

堡堡村水井位于捧乍城外堡堡上村，建于清代，具体时间不详。该水井一直以来为当地村民人畜饮水水源，井口以石块砌筑，坐东北向西南，砌体面阔8.5m，高1.82m；井口外部为竖向矩形，内部石砌券顶，井口高1.25m，宽1.08m，井深1.9m，是捧乍古城西门街城门洞到云南板桥段茶马古道的必经地。据说运茶的马帮到此时，必饮水和取水带走备用。该水井体现当地群众水源使用的历史及现状（图6-5）。

图6-5 堡堡上村水井（董科摄）

五、捧乍古城的四门大井

四门大井（位于辛家坡脚，花水井下面）出水量没有南门大井大。东门大井在东门坡"武官衙门"的左面，涨水天时水满捧乍古城，建城时，修建了四门大水井，用于当地群众生产生活和消防用水。南门大井在当时李文山总爷府的坎下30m处，井深三丈有余，下面有槽，正中凸出一"牛鼻子"，从南面石梯子直下便是清泉。天旱时，村民们在此等水，出水量可供城里城外一半人口饮用。北流入"太液天池"和南门小水井。西街有南面的"马槽井"和北面的座云大井。四门大井均用五面石砌成，都盖有"水龙王庙"供奉龙王。这些水利设施，不仅保障了生产生活用水，同时满足了消防用水需要。但因现代城区规划建设，大多已损。

六、七舍杜鹃山泉

兴义杜鹃山泉现已建厂（兴义市杜鹃山泉水厂），杜鹃山泉坐落于七舍村后河组，厂房被森林围绕，泉水从森林密布的山中涌出，饮之回味甘甜，清凉怡人。曾荣获贵州省

"黔绿之星""放心消费跟踪单位""全国产品质量监督抽查合格""AAA级质量诚信单位"等荣誉称号，2009年中国国际茶叶博览会首届国际品茶斗水大赛中荣获"优秀奖"。

七、泥凼镇何应钦先生家古井

泥凼何应钦先生家古井。1945年，何应钦代表中国接受日本投降，古井被称为受降井，由于何氏家族的人相对都高寿，因此把水称为寿祥水。

八、坡岗间歇泉

在兴义茶马古道郑屯镇民族村，有一名泉——间歇泉。该泉常年由于喀斯特地质构造，及特有的虹吸作用，清澈的泉水流出间歇泉时，水面时涨时落，泉水常年不浊，于是被称为"间歇泉"，现间歇泉已开发成旅游景点。

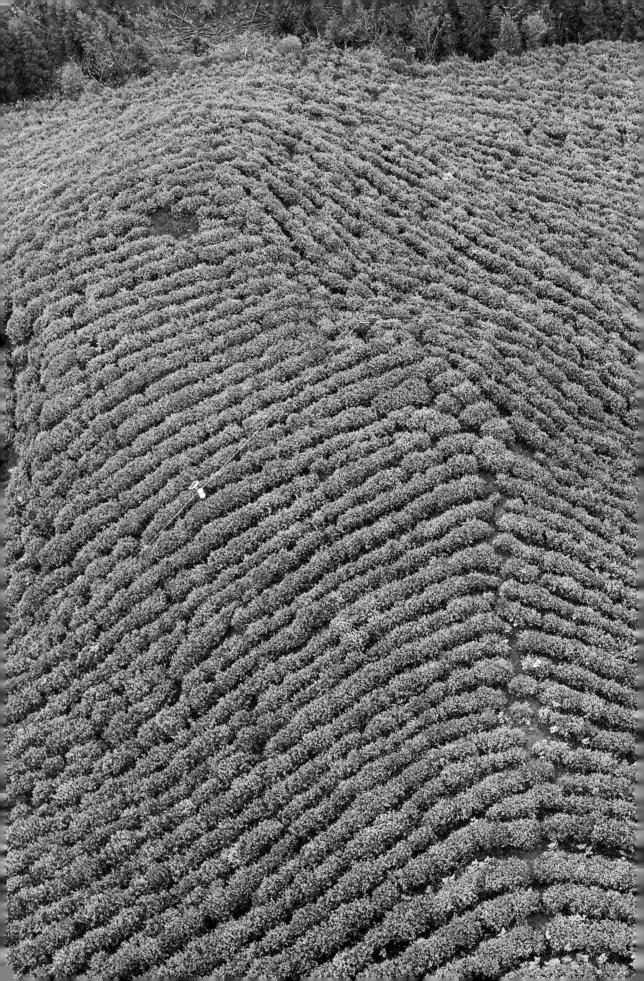

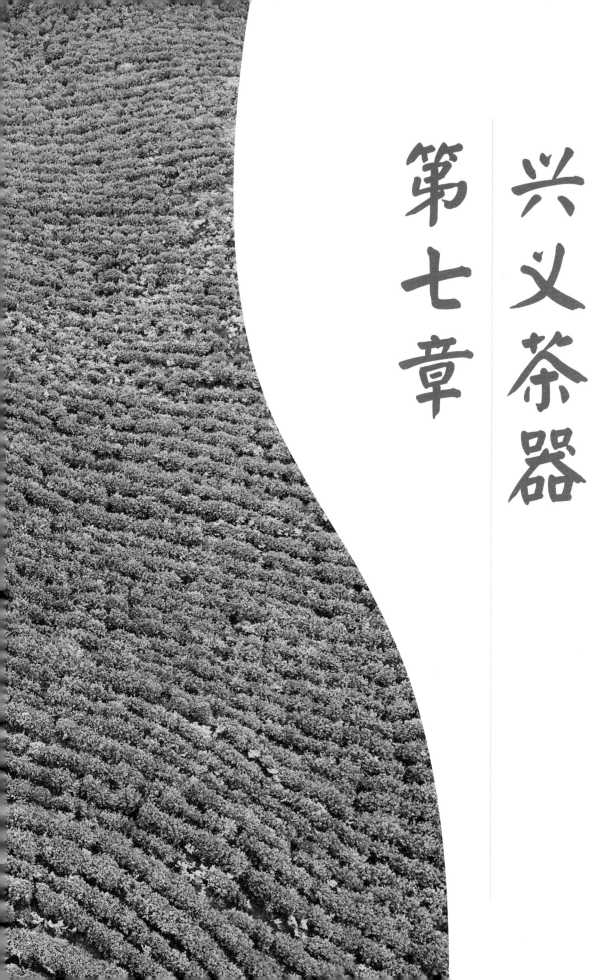

第七章　兴义茶器

兴义的茶器大致可分为金属茶器（铜器、铁器等）、陶瓷茶器、竹木制茶器、现代玻璃茶器、纸质茶器等，主要用于存放茶叶和泡茶饮用（图7-1）。

图7-1　兴义烧制茶器古窑（郎应策摄）

第一节　金属茶器

　　兴义当代的金属茶器主要是铁制、铜制茶器，数量比较少。年代比较久远的茶器以铜制为主，如图7-2为民国时期保存下来的铜制茶壶。

图7-2　保存在兴义博物馆的铜制茶壶（周鸣蓉供图）

第二节 民间茶器

一、民间收藏的茶器

兴义民间收藏的茶器主要是铜制茶器，其次为陶瓷茶器、竹制茶器等（图7-3、图7-4），陶瓷茶器如陶茶壶、茶碗、茶杯，其形状大小不一。茶器外壁多绘有寓意吉祥的鸟、兽、虫、鱼、山水林木等图画，或绘有茶器生产厂家、茶叶生产企业介绍、茶器相关的诗词等。

图7-3 兴义民间收藏的陶瓷茶壶（右底部有用英文标注的"中国制造"字样、罗德江摄）

图7-4 兴义民间收藏的铜制茶壶（左落款为乾隆、中间落款为民国六年字样 黄凌昌摄）

二、兴义古老的瓷器生产——白碗窑陶瓷厂（古龙窑）

兴义民间陶瓷茶器很多，大部分出处为白碗窑陶瓷厂（俗称古龙窑），白碗窑镇保存至今的白碗窑陶瓷厂，在宋代已初具雏形。据第三次全国文物普查发现，在宋代晚期，这一地区曾出现"村村窑火，户户陶埏"的景观。到了明、清两代，白碗窑瓷业进一步发展，"共计一坯之力，过手七十二，方可成器。其中微细节目，尚不能尽也"，由此可见，此时的制瓷手工技艺体系已经达到成熟状态（图7-5~图7-13）。

发展到清代晚期，白碗窑附近村庄几乎家家烧制瓷器，主要有茶壶、茶碗、茶杯、花盆、饭碗等。这时主要是原始的手工作坊，其工艺为：采矿、淘洗、制坯、练泥、陈

图7-5 1974年兴义白碗窑厂生产出口的一对彩色金边茶杯（市文体广旅局供图）

图7-6 1974年兴义白碗窑厂生产出口的底部有英文"中国制造"字样彩色金边茶杯一对（市文体广旅局供图）

图7-7 20世纪60年代兴义
白碗窑产牡丹印花图案茶壶
（市文体广旅局供图）

图7-8 白碗窑产茶杯
（市文体广旅局供图）

图7-9 20世纪70年代
兴义白碗窑生产的茶叶罐
（市文体广旅局供图）

图7-10 1975年用于出口的茶
杯（底有英文：中国制造）

图7-11 白碗窑产青花大茶壶
（市文体广旅局供图）

图7-12 1950年兴义白碗窑广生产
用于抗美援朝宣传的大茶杯

腐、拉坯、利坯、画坯、施釉、烧窑、烧
炉、选瓷、包装等工序环节。白碗窑原名
"碗窑龙场"，因当地陶土充足，一直有几
个小作坊生产土瓷碗，但所出产的土碗色
黄，质地粗糙。设窑的地点前后共迁移过
3次，最先开设烧土碗的窑，叫"新窑"，
距离龙场约5km，约三年后，又另迁至村
脚"下窑"，生产了约1年时间。乾隆甲午

图7-13 1950年兴义白碗窑生产用于抗美援朝
宣传的大茶杯（市文体广旅局供图）

年（1774年），湖南长沙直隶郴州桂东县普梁二都方胜来、郭绍武从新场来兴义贸易，看
见出售的土碗，问明产地在龙场，前往赶集，经过多次考察，认为龙场陶土质量条件优
越，"白果树""梁子上""龙潭"三处陶土质量最好、蕴藏量丰富，遂举家搬迁到龙场发
展陶瓷生产。自方、郭两家迁入后，陶瓷生产地点不再变更，窑址有爬坡窑和倒焰窑两
种，产品亦由黄瓷改进成白瓷，并饰以花纹，质料也细致得多，既好看又耐用，产品销
路日渐宽广，人们因这里出产白釉碗，称其为"白碗窑"。古龙窑从宋代至今，经历了几

百年的变迁，其碾盘、澄浆池还依旧完好。方、郭两家迁入，白碗窑制陶工序及工艺有了很大改进，原来的土碗没有字和画，方、郭两家来后，一方面改用轴料，另一方面用产自云南宣成的石墨在碗胚上写字、绘花纹。从乾隆年间至20世纪50—60年代，随着时间的推移，技术的进步，人们通过多次研究，试制彩色原料。用墨和生铁煅制的为黑色颜料，用方解石和本质矿石煅制的为红色颜料，用红岩、酸化石、硫黄、矿石煅制的为绿色颜料，特别是红、绿两色对比色调的发明，看上去与江西瓷、湖南瓷相仿，从此兴义陶器更出色，也能用艺术的眼光对式样和写画进行改进和提高通过碾压、过滤、澄浆、制胚、上釉等工序，每一窑5洞、7洞、10洞或12洞，每次可烧百余个碗，茶杯、盘等；此外，还生产土碗、花瓶等瓷器。作坊从始建起至民国年间，通过茶马古道，所产陶器由马帮远销云南、广西，四川等地。1932年，瓷器其曾获重庆市第二次国货展览会最优奖，由当时四川省省长刘湘颁发。兴义白陶的烧制成功对陶器过渡到瓷器起了十分重要的作用。

传统工艺主要体现在原料的采配，成分及加工，泥料的储备及练揉，手工拉坯及修坯，手工唯雕花、刻花、划花，釉药的选配、制备及敷施，匣钵、窑具的制作及装窑，火焰控制及烧成等。一件制品完成要经过采料、精选、风化、配比、耙泥、陈腐、熟泥、揉泥、手拉坯、修坯、釉料精选、配制、施釉、手工装饰（雕、刻、贴、印）窑具制作、装窑、烧窑等20道工序，具体做法如下：

①取泥。挖取铸泥，铸泥要黏性好，耐火、抗震；

②碾泥。把铸泥用碾盘（石磙）碾成细末；

③稀释。把细末用水稀释成泥浆；

④过滤。把泥浆经多次过滤；

⑤暴晒。把滤渣放在太阳下暴晒；

⑥稀释滤渣。再把经过暴晒后的滤渣用非常清凉的水稀释；

⑦晒干。将稀释后的泥浆晾干到一定程度；

⑧造型。用滑钺（一种用竹片做成的简单工具）把泥浆做成瓷器的雏形；

⑨阴干。把雏形器具单个放置在木板上，做完一批之后，把放置在木板上的器具拾到屋中阴凉的地方，待器具阴干至用人力能改变其形状时方可；

⑩打磨。用车盘（一种专门的木制工具）车掉粗糙的地方；

⑪定型。车出口子和底座；

⑫阴干。将车好的瓷坯整齐地放在屋里阴干；

⑬发酵。用粗糠和爆石灰搅拌均匀放在特别大的容器里，加水经发酵后清洗；

⑭过滤。滤清洗出的沉淀物；

⑮制釉。滤液经蒸发后就成为制作瓷器的一种原料，当地称之为釉；

⑯涂坯。将釉仔细地涂在瓷坯上；

⑰画图。用色彩画出各种彩图；

⑱雕形。用雕刀刻出各种形状，制出半成品；

⑲烧制。把半成品放在窑里煅烧6天后取出；

⑳成品。经挑选后即成为成品。

第三节　兴义当代使用的各种茶器（具）

兴义当代使用的茶器（具）有茶桌、茶几、茶盘及品茶用的各种器具，桌子、茶几、凳子有木材、竹子、玻璃、塑料等材质制成。冲泡、品茶用的各种器具大多为陶瓷、玻璃、木制、竹制品，也有部分为铜制、铁制等，大小不一，形态各异。茶器（具）上大多雕刻与茶相关的诗词，或绘画有寓意各异的鸟、兽、虫、鱼、山水林木等图画（图7-14~图7-17）。

图7-14 用古树兜雕刻的茶几板凳（宦其伟供图）

图7-15 兴义石制茶盘（聚茗苑供图）

图7-16 兴义民间用于存放茶叶
的"猴吊兜"（董科供图）

图7-17 兴义民间用古树雕刻的茶几、板凳，茶几上雕刻有"茶
话春秋"（邹波摄）

第八章　兴义茶人撷英

图8-1 七舍老林茶继承
并规模种植人郑德华先生
（郑维志供图）

据七舍老林《郑氏族谱》增页记载：清嘉庆五年（1800年），郑氏先祖自外地迁居到现七舍镇鲁坎村老林（地名）一带定居。是时，带有茶果等种子在当地繁衍生息。开始了兴义七舍茶叶的试种植；1845年，在郑氏族人郑光鹤的带动下，开始在老林周边小规模种植茶果；1912年，郑氏族人郑德华及其长子郑绍忠带领乡民，在现今七舍、捧乍的大坪子、大落洞、大际山、初拉白、坪子上等自然村组，用茶果种子建设茶园上千亩（图8-1）。至今尚保存有半野生状况的连片茶林、茶园100亩。

第一节　历代名人与茶

一、清代古茶园首创者吕金鼎

吕金鼎（1864—1943年），兴义府捧乍营田湾乡上丫珠（现兴义市猪场坪乡丫口寨村上丫珠）人，系吕氏佐公第八代孙，年轻时曾院试考中秀才，后委任为贵州省参议员在捧乍署工作，兴义正式成立县团防局后，协同兴义教育界元老刘统之、赵学坤一起在兴义县辖区范围内兴办教育，为兴义地区的教育发展作出了突出贡献。吕金鼎是现今已知的兴义清代古茶园首创者之一（图8-2）。

猪场坪乡原属七舍区，现清代古茶园在该乡丫口寨村。在《兴义市志》中，记载了兴义市的茶叶主要分布在七舍、捧乍、鲁布格、猪场坪，泥凼、万屯、三江口等7个乡镇，由此可见，猪场坪地区的茶叶种植，早在清朝时期就已经形成，距今至少已有150多年的历史。该古茶园

图8-2 晚清古茶园的创建者
吕金鼎（前排中）（罗德江
翻拍吕氏族谱图片）

是兴义市现遗存的清代古茶园，是兴义最早种植茶树的地方之一。据当地老人说：古茶园是由吕金鼎老人亲自组织种植，茶园位于丫口寨村鱼塘组。当地现存百年古茶树经市林业部门专家认可的有76株，成林成片生长约3万余株（丛），其中树高3m以上、冠幅10m^{2}以上的有48株，株高2m以上、冠幅6m^{2}以上的有28株。现当地政府对古茶树、古茶园进行了跟踪护养。

据当地吕洪勇（93岁）、陈德珍（91岁）、魏元香（85岁）等老人回忆，吕金鼎秀才

种植茶园规模宏大，茶叶品质优良，每到产茶时节引来四方茶商争相购买，茶叶贸易盛极一时。后来，时局动荡，茶贸一时陷入维谷，茶树遭到大量砍伐。新中国成立，特别是改革开放之后，茶又走进了人们的生活。

猪场坪乡凭借优质的茶树资源，丰厚的茶贸底蕴，大面积兴种茶树，茶贸再次兴起。如今，猪场坪乡制茶能手吕天洪、范平传承了祖辈的古法制茶手艺，是猪场坪境内公认的制茶名人，也是猪场坪茶贸的带头人。

二、陈 鼎

清代著名学者、历史学家、旅游文学家，陈鼎在游历云贵山川时，路过七舍镇的革上村，在品尝过七舍制作的茶后，对其极佳的口感与滋味深为赞誉。1947年，贵州省地方特色物产展览会在省会贵阳举行，七舍茶作为地方茶叶代表品牌到贵阳参展，展览会上品尝过该茶的各地客人对其赞不绝口。

三、何应钦

图 8-3 何应钦先生故居（陈超文供图）

何应钦（1890—1987年），字敬之，贵州兴义市泥凼镇人，是中国近现代史上军事、政治领域颇有影响的历史风云人物，并于1945年9月9日代表中国战区接受日本帝国主义的投降（图8-3）。

何应钦故居位于兴义市城南泥凼镇街上，占地面积$10060m^2$，建筑面积$2461.72m^2$，始建于光绪年间，扩建于民国年间，改革开放后又重新修旧如旧，建筑保存较好。

何应钦的父亲何其敏，字明伦。去世后，埋葬在泥凼五台，何氏祖坟就在泥凼镇经堂村的五台组，这里有连片的茶林，据说是何氏家族的族人在这里种下的，就是为了族人后代能世世有茶饮，代代懂茶事。

第二节 当代茶学界突出贡献者

一、莫熙礼

莫熙礼（1982—），男，汉族，中共党员，广西岑溪人，硕士研究生。2008年毕业于贵州大学农学院（分子植物病理学方向），2017年贵州省优秀农业专家，2019年教育部国内访问学者（北京大学），2020年贵州植物生理与植物分子生物学学会理事，现为黔西南民族职业技术学院学术委员会副秘书长、生物工程系办公室主任、副教授、青年骨干教师。

自2008年到黔西南民族职业技术学院工作以来，莫熙礼一直致力于茶叶病虫害防治技术的教学、科研、技术服务和培训工作，为兴义市茶叶产业的生产、加工、销售等领域培养了大批高素质技术技能型人才（图8-4）。其多次深入兴义市七舍、捧乍、敬南、清水河等茶叶基地开展技术指导和培训工作，为兴义市茶行业培养了农民合作社法人、致富带头人、种植能手等300多人；主持完成病虫害绿色防控领域课题州级项目3项、院级项目2项，参与国家重点课题1项、省级重点项目3项、州级科研项目7项，以第一作者在北大中文核心期刊发表学生论文9篇，在省级期刊发表学术论文7篇，积极推广多元化、立体化茶叶病虫害绿色防控技术效果显著，为兴义市茶叶病虫害的防控工作做出了积极的贡献。

图8-4 莫熙礼老师正在讲授茶叶课（莫熙礼供图）

二、王存良

王存良（1981—），女，中共党员，湖南双峰人，兴义民族师范学院副教授，硕士研究生（图8-5）。其长期从事文艺美学和中国茶文化研究，中国茶叶学会会员，黔西南州茶叶专班成员、国家茶艺、评茶高级考评员，国家二级茶艺技师、二级评茶技师，中华儿童文化艺术促进会特聘专家，中国茶文化优秀传播者，公开发表论文20余篇，主编《中国茶全书·贵州·黔西南州卷》，参与编写制定《普安红红茶质量标准》《普安红红茶生产技术规程》等。

图8-5 王存良老师正在评审茶样
（王存良供图）

在读研期间，她主修中西方美学史的她便开始系统接触茶文化，2007年毕业后通过黔西南州人民政府人才引进计划到兴义民族师范学院工作。为传播中国茶文化，其为了推动黔西南州茶文化发展，便开始策划在黔西南州推介中国茶文化的工作。2007年以来，先后走遍了黔西南州各县市的茶园基地，足迹从北京、安徽、南京到浙江、福建、广州，从四川、云南到广西，再到全国各地茶主产区考察调研学习。

2017年她成立了黔西南州第一家民间茶文化培训机构——兴义市西南茶院，2019年创办了黔西南州第一所茶学职业学校——贵州汉唐职业技术培训学校，先后培训茶学专业学员近1000人，为兴义市及全国各地培养了大批优秀的茶艺师、评茶员和茶企创业人员。她带领团队向国内外群众及国际友人进行了多场茶艺茶道表演，推介中国茶文化，讲解中国茶情、茶趣、茶俗、茶的保健及其陶冶人们精神的作用，挖掘黔西南州地方茶文化对中国及世界茶文化的贡献。通过宣传，使更多的朋友加深了对黔西南州、兴义少数民族地区茶文化及对中国茶文化的了解。她经常奔波于各茶区，深入企业、农户，潜心探讨茶产业提质增效与新旧动能转换思路，为茶叶企业在种植、加工、生产销售过程中遇到的困难提供解决方案。其利用业余时间举办茶文化知识讲座，为兴义市各种文化协会举办茶文化活动周、茶科技宣讲周等活动，投身脱贫攻坚一线，经常在田间地头、山场茶园走访调研，在全州各地举办茶树种植技术、制茶技术、茶艺、评茶等培训班，培训茶农1000余人，为兴义地方培养茶叶技术骨干100余人，显著提升了当地茶叶从业人员的技术素质，充分调动了贫困茶农的积极性和主动性，推动了黔西南州茶产业的发展。

她始终以茶文化学校为阵地，以中国茶文化在黔西南州迅速推广普及为己任，做好弘扬中国国粹和提倡中国国饮的工作。"清甘本无滓，渴饮得真味"，茶，总给人以清新、淡雅之感，清，是茶的精神实质，也是"茶人"王存良始终不变的精神追求。以提升爱茶人的"茶杯子"、传播中国优秀茶文化作为自己一生的事业，奋勇争先、坚韧不拔、奉献其中，将最好的年华奉献给兴义市茶产业的创新发展。

第三节　当代茶产业界突出贡献者

一、黄凌昌

黄凌昌（1963— ），男，布依族，中共党员，贵州兴义人，大学本科，高级农艺师，现任兴义市涉农项目专家委员会委员、黔西南州农委首届农业专家委员会专家组成员，《中国茶全书·贵州兴义卷》执行主编（图8-6）。

其1985年参加工作，先后任技术人员、农艺师、高级农艺师；工作员、站所负责人、副站长、站长。35年来其一直从事兴义茶产业的

图8-6　黄凌昌在茶园基地（秦海摄）

推动和茶叶技术的推广工作，为推动兴义茶产业的发展作出了突出贡献。

参加工作以来，他坚持在兴义老茶园面积保存比较大的乡镇蹲点。初步摸清了兴义老茶园主要保存、分布区域、面积、加工工艺、产量产值等基本情况；理清了兴义现存老茶园为二十世纪六七十年代从浙江引进并用种子繁殖的中小叶金华种；同时，还摸清了在仓更、捧乍的养马等乡镇办具有同期种植的大叶茶茶树品种；在猪场坪乡发现了保存至今的约10亩清代古茶园，为兴义茶产业的恢复和发展积累、保存了第一手资料。

20世纪90年代初，黄凌昌和当地技术人员一起，以兴义市猪场坪乡建国茶场为中心，摸索出一套以台刈为主适合兴义老茶园改造的适用技术并大力推广。为了提高茶叶炒制技术，虚心向到兴义茶区收购茶青的江浙客商炒茶师傅学习，逐步掌握了扁形茶的加工技术并示范推广，从而使兴义的扁形茶产品首次走出深山，远销江浙一带市场，兴义有优质茶叶也逐渐为外人所知。

他主笔编制了兴义市"十一五""十二五""十三五"期间茶产业发展规划；编制了《贵州省兴义市古茶树资源的保护与合理开发利用项目申报书》；编纂了《兴义农业志》中兴义茶产业相关资料。先后发表了《生态茶园养鹅技术》《木犀科苦丁茶粗壮女贞在石漠化生态治理中的种植试验与示范》两篇论文。2012年主笔编制了《兴义市优质茶叶产业建设项目实施方案》并到贵州省农业厅进行答辩，获省级立项，使兴义市首次成为贵州省29个重点产茶县（市）之一，争取到中央和省级财政现代农业（茶产业）生产发展资金800万元，参与组织实施了兴义2万亩的茶产业基地建设，对兴义茶产业的发展起到了积极的推动作用。

兴义有适宜规模化茶叶生产发展的自然环境条件，茶叶产品有着巨大市场前景。他积极带领同行解决兴义茶产业发展没有产业载体，没有规模化的茶叶生产基地、茶叶品牌等问题。通过长期不懈的努力，兴义茶叶种植面积由20世纪70年代的1万亩，扩展到2019年底的6.03万亩；新增茶园基地茶树品种全部为优良的无性系品种；种植区域扩展到七舍、敬南、猪场坪、雄武、捧乍、鲁布格、泥凼、清水河、乌沙、坪东、木贾、南盘江共12个乡镇（街道），并因地制宜开创了兴义等高环状栽培模式和使用茶树种子直播建设茶园基地的先河，对兴义的茶园基地建设模式起到了标杆式的示范作用。

在他的大力推动下，截至2019年年底，兴义涉茶企业发展到464家，其中取得SC认证的企业（合作社）7家。全市注册的茶叶商标有"松风竹韵""云盘山涵香"等29个。兴义市获无公害茶园产地认定面积4.83万亩，获无公害农产品产品认证17个，无公害产地面积占茶叶种植面积的82.2%；获有机产品认证证书一个，认证面积1000亩。2017年黄凌昌参与申报"七舍茶"地标，并亲自到北京进行答辩获现场通过，使兴义"七舍茶"获国家质检总局批准为国家地理标志保护产品。

他积极组织兴义的茶叶企业（合作社）参与各种相关茶事活动，大力宣传推介兴义茶品牌，首次在兴义的国家级旅游风景区万峰林、白龙山等地开展了"相聚多彩贵州，相遇贵州茶香"品茗活动，并使这一活动常态化；还多次组织茶叶企业参加省内外各类茶事活动，拓宽兴义茶销售市场，使兴义的绿茶、红茶荣获第十六届上海茶博会金奖、2015年贵州省秋茶斗茶大赛金奖茶王等奖项，大大提升了兴义市茶叶产品品牌的知名度。

他总是不遗余力地助推兴义茶产业的发展。为勘察、保护兴义的古茶树资源，2012年，他考察敬南镇高山村烂木箐组古茶树时，由于当地处于原始封闭状态，古茶树资源的保护和群众的生产生活十分不便，他协调了3万元资金，打通了通往烂木箐组的4km毛路。2013年，敬南镇白河村大坡茶叶种植农民专业合作社新植的500亩茶园由于长期干旱即将枯死，他与合作社负责人何文华多次爬到1700多米的高山上勘查水源，规划引水沟渠，最后以私人名义担保，赊购了1000多米的塑料管道，解决了茶叶基地抗旱保苗和大坡全组社员群众人畜饮水的困难，现在大坡的茶园基地已全部投产。黄凌昌对当地的脱贫攻坚引领起到了重要的作用（图8-7）。

图8-7 黄凌昌（左）在茶园进行技术培训（秦海摄）

兴义市洒金街道洒金村的黄泥菁组位于1700多米的高山峡谷中。2014年始，黄凌昌同志拖着病残的双腿，拄着拐杖五进黄泥菁调研，发现当地特别适合开发成茶旅一体化的景点，他编写了《洒金寻茶之旅》等茶旅相关文章，积极推动该景点建设。目前，当地群众已成立了茶叶种植农民专业合作社，新修了8km的机耕道，规划了2000亩的茶叶基地，已建成500亩茶叶基地，茶旅一体化相关项目正在规划、建设中。

2016年底，由于身体健康原因，他辞去了兴义市中茶站站长职务。但他作为一个老党员，仍然不忘初心，承担了《中国茶全书·贵州兴义卷》的编纂任务，至今依然奋战在兴义的茶产业战线上。

二、徐俊昌

徐俊昌（1966—），男，贵州兴义人，高级农艺师，贵州省茶叶学会理事，贵州古茶树保护与利用专业委员会专家委员，贵州省茶叶学会茶叶审评专家委员会专家，《中国茶全书·贵州黔西南州卷》副主编。1988年毕业于安徽农学院茶业系机械制茶专业，农学学士学位，1988年7月至1991年6月在贵州省劳改局中八茶果场茶厂工作，1991年7月至今，在黔西南州农业农村局（原州农业局）工作，自2012年起主持黔西南州农业农村局（原州农委）茶办工作。

在茶行业30余年，其主要从事茶叶种植、加工、销售，以及新品种、新技术引进、试验、示范等技术推广工作，先后申报和组织实施"中央财政现代农业茶产业项目""黔西南州标准化茶园建设""茶树无性系良种苗圃建设""低产茶园改造""茶叶清洁化加工厂建设""黔西南州古茶资源利用研究""夏秋绿茶品质提升关键技术研究""贵州苦丁茶生产与加工技术集成应用推广"等茶产业项目15项，获茶叶丰收奖1项、科技成果应用奖1项，授权发明专利2项，发表文章10余篇。其负责起草《中共黔西南州委、州人民政府关于加快茶叶产业发展的意见》《黔西南州古茶树资源保护条例》，主持编写《黔西南州茶产业发展"十二五"规划》《黔西南州茶产业发展"十三五"规划》《黔西南州茶产业提升三年行动计划（2014—2016）》《黔西南州茶产业发展实施方案（2019—2021）》《普安红红茶质量标准》《普安红红茶生产技术规程》等，负责研究政策，制订措施，为黔西南州茶产业提供服务指导。

作为州级茶叶管理部门的负责人，茶叶方面的专家，也作为州府所在地的兴义人，徐俊昌特别关心兴义市的茶产业，他30多年的工作促进了兴义茶产业的发展。其主要贡献：一是指导并参与了兴义市茶产业发展的各项规划、实施方案编制工作；二是指导并参与了兴义茶园基地的建设。他踏遍了兴义所有产茶乡镇的村组和茶园，无论是企业（如七舍镇黔西南分州华曦牧业有限公司建设的白龙山茶旅一体化观光茶园），还是合作社的茶园基地建设（如兴义市敬南镇大坡茶叶种植农民专业合作社），多次实地到基地、加工厂进行技术指导；三是指导并参与了兴义"七舍茶"地标的申报及兴义茶叶品牌的打造、推介等工作，为兴义的茶产业发展做出了重要的贡献（图8-8）。

图8-8 徐俊昌在兴义七舍镇白龙山茶园基地
（徐俊昌供图）

三、罗春阳

图8-9 罗春阳（罗春阳供图）

罗春阳（1972— ），男，汉，大学学历，1997年毕业于贵阳医学院。1997—2000年一直从事市场营销工作；2000年创立兴义市马鞍山茶艺馆，分别取得了评茶员、食品检验员及全国无公害农产品内检员资格，多年来一直是兴义市高端茶艺馆的领军者。2000亩的高山生态茶园。2014年开始任嘉宏茶业公司法人兼总经理，2015年7月辞去公职专心经营茶产业；现任兴义市黄草商会副会长及黔西南州茶叶协会副会长；2016年1月被黔西南州委农村工作领导小组授予"黔西南州种茶大王"称号；2018年当选为兴义市茶业协会会长（图8-9）。

四、李刚灿

李刚灿（1962— ），男，布依族，贵州安龙人，2007年4月成立黔西南州华曦生态牧业有限公司，任法定代表人、总经理（图8-10）。2014年5月，任贵州万峰报春茶业集团有限公司总裁；2011年3月，被台湾嘉义县阿里山制茶工会聘为顾问，同年被贵州省茶叶学会聘为常务理

图8-10 李刚灿先生（左）在接受中央电视台财经频道记者采访（华曦公司供图）

事，并成为列席黔西南州第七届人大的列席代表；2012年1月被推选为贵州省兴义市第七届政协委员，同年当选为黔西南州工商联常务理事。2012年5月获两项制茶专利（证号：2186067、2229261），2012年8月参加中国茶叶学会有机茶专业委员会举办的有机产品国家标准及有机产品认证实施规则培训，2013年12月被黔西南州委、州政府，授予黔西南州优秀民营企业家荣誉称号，2015年被评为贵州省劳动模范，荣获"黔西南种茶能手"称号。

2007年4月，李刚灿代表黔西南州华曦生态牧业有限公司同兴义市七舍镇革上村达成协定，流转该村荒坡地及杜鹃花林地共计5000亩，开发高海拔冷凉型生态茶园种植及茶园观光旅游项目，至今已投资4000余万元；建成冷凉型高海拔生态有机茶园生产基地3000亩，全国名优茶科普实验基地100亩；建成年产数万斤的绿茶、红茶生产线，成功打造本地茶叶知名品牌"松风竹韵""碧霞云飞"；成功推出"私人定制专属茶园"。从2016年开始，华曦生态牧业有限公司打破传统的卖茶方式，划出1000亩优质茶园，利用白龙山茶叶是公认的绿色之茶、健康之茶、智慧之茶、茶中雪莲的优势，以"我的茶园，你是主人"为主题，推出以亩为单位的"私人定制专属茶园"，供单位、个人认领购买。一旦签订认领合约，认领方就是茶园的主人，该茶园就是认领方的私人后花园，认领方可以随时邀约亲朋好友到茶园来体验采茶、制茶、品茶之乐趣，尽情享受大自然的慷慨赐予，享受白龙山上清新无比的天然氧吧，缓解工作压力，让疲惫的身心得到放松，慢慢品味人生，感受宁静的庄园式生活。李刚灿将单纯的卖茶转化为卖茶文化，是对茶文化在实际推广中的升华。

其建成州内第一个大宗初制毛茶加工厂，总投资480万元，占地面积3000m²，厂房规模1280m²，日产干茶5t，年产大宗干茶800t。产品目前主要销往安徽黄山、浙江宁波和上海等市场。该厂的建成，解决了当地70%以上茶农的夏、秋茶青问题，按每亩收入1500~2000元计算，现当地约有3万亩茶园，可年增总收入4500万~6000万元，直接带动茶农近千户实现增收，人均增收近1000元。

五、杨兴林

杨兴林（1966—），男，汉族，兴义市清水河镇人，是1984年对越自卫反击战退伍老兵，兴义市清源茶叶种植农民专业合作社法人（图8-11）。其2010年8月成立了清源茶叶种植农民合作社，以"公司+农户"的方式承包约6000亩荒山，规模化建设茶园基地。到2018年，已开垦荒山种植福鼎大白茶、安吉白茶等品种3000亩。其修建了加工厂，并完善相关水、电、路等配套基础设施，现已累计投入1000多万元，使昔日的荒山秃岭变成了今日的苍翠繁茂茶场。目前，茶场的发展已初具规模，年总产值达600万元，纯利润210万元，解决了邻村富余劳动力就业问题，增加了集体经济收入。在杨兴林带领下清源茶叶种植农民合作社于2011年被兴义市政府授予"市级龙头企业"称号；2012年被授予"州级龙头企业"称号；2014年被评为"黔西南州种茶大户"；

图8-11 杨兴林在茶园基地（秦海摄）

2015年获"无公害产地"认证，并成功注册"贵优"品牌，2018年被评为"贵州省农业产业化经营重点龙头企业"；合作社发展目标是在绿色农业上"开创一片新天地，在清水河镇建立一个集观光、旅游、娱乐、休闲于一体的农业生态茶园"。

杨兴林吃水不忘挖井人，他始终认为没有党的富民政策，就没有自己的今天，自己所取得的一点成绩和广大干部群众的支持分不开的。2008年赞助高峰村小学10000元用于修建操场，2009年赞助补西村5000元用于拓宽道路，解决村民行路难、农副产品运输不便的问题，2010、2011年高峰村春节联欢活动，分别捐资2000元；2012年个人为兴义市红十字会捐资5000元。2018年杨兴林同志被推选为兴义市茶产业协会常务副会长。他真诚地希望大家共同努力，把兴义的茶叶产业做大做强，让兴义的优质茶叶走向全国各地。

六、陈超文

图8-12 陈超文（陈超文供图）

陈超文（1963—），兴义市绿缘中药材种植农民专业合作社法定代表人（图8-12）。其2014年带领兴义市泥凼镇老寨村获"全国一村一品示范村"，同年11月该合作社获"国家级示范社"。2015年1月其当选为泥凼镇老寨村村主任，同时加入中国共产党；5月合作社创建的"泥凼何氏苦丁茶"并通过QS认证；获全国工业产品食品生产许可证；6月，参与发表论文《木犀科苦丁茶粗壮女贞在石漠化生态治理中的种植实验与示范》；2016—2019年均获"省级林业龙头企业"称号，2018年获"省级产业化经营重点龙头企业""中国质量信用AAA级示范社"称号。

陈超文创建的兴义市绿缘中药材种植农民专业合作社生产的苦丁茶是纯天然保健饮料。其以服务"三农"为宗旨，坚持"质量第一、诚信为本、科学发展、规范管理"，坚持以服务成员为目标，紧紧围绕市场需求，整合资源，研究开发新产品以发展苦丁茶种植为主的特色产业，积极为成员及农户寻找致富之路，带领广大农民建设新农村，为农民增收走出了新路子。

七、杨德军

杨德军（1972—），男，贵州兴义人，兴义市绿茗茶业有限责任公司总经理、法人，兴义市工商联执委，2014年被评为第一届兴义市"劳动模范"（图8-13）。其早在1998年他就注册了鸿鑫茶庄，从事茶叶经营，2009年5月注册成立兴义市绿茗茶业有限责任公司，任法人。公司是一家集茶叶科研、种植、加工、销售、开发为一体的农业企业。公司致力于贵州绿茶的基地建设、产品收购、营销，其茶叶产品曾获国家、省、州、市级绿茶的多个奖项。

图8-13 杨德军（绿茗公司供图）

公司在坪东洒金村建有2000亩无公害生态茶园，建有初制车间3间，精制车间、包装车间、名优茶车间各一间，现代化茶叶加工机械10套的茶叶清洁化茶叶加工厂占地面积1500m²；建立了网上及实体销售网络，以"创一流茶叶企业"为目标，秉承"务实、诚信、服务、超越"的理念，采取"公司+基地+农户"的产业化经营模式，于2010年12月注册了"羽韵绿茗"商标，茶叶产品畅销山东、四川、江苏、浙江、福建、广西等十多个省市。公司发展目标是借助兴义古茶资源优势，以高素质的员工团队为后盾，将兴义市绿茗茶业有限责任公司创建成贵州茶业界乃至全国一流企业，为贵州绿茶更好的发展做出应有的贡献。

八、何文华

何文华（1959—），男，中共党员，对越自卫反击战参战退伍老兵（图8-14）。他从2008年开始种植茶叶，2012年牵头成立"兴义市大坡农民专业合作社"，合作社以500亩老茶叶为基础，不断扩大种植面积，同时带动周边村组农户进行茶叶种植，截至2018年年底大坡茶叶合作社的茶园规模已达4000亩。带动贫困户96户，每年发放每户贫困户

540元的分红。2018年引进龙井43，种植面积500亩，惠及农户120户，其中贫困户16户。合作社新建了年产100t清洁化茶叶加工厂一个，注册了"南古盘香"茶叶商标。通过"合作社+基地+农户"的发展模式，带动群众致富，在适合茶叶种植区域不断引进优质茶树品种，扩大茶树种植规模，促使茶叶向产业化发展，使兴义市敬南镇茶产业发展踏入新征程。

图8-14 退伍老兵何文华（合作社供图）

九、荀仕旺

荀仕旺（1973— ），男，贵州兴义人，兴义市春旺茶叶加工厂法人（图8-15）。其1991年师从浙江杭州制茶匠人，辗转多地拜师学艺，曾赴省茶科所专家授课、赴羊艾茶场、晴隆沙子岭茶场、福建安溪等地观摩学习。1991年起在兴义七舍镇种植加工销售茶叶，对制茶工艺颇有心得，被评为市级"党员创业带富示范户"、州级

图8-15 荀仕旺（右）（荀仕旺供图）

"党员创业带富示范户"。2011年向本村农户流转土地100亩发展茶叶，解决了10多个富余劳动力的就业问题，带动20余户农户增收。2013年6月，其创建"兴义市春旺茶叶加工厂"，带动七舍村种植茶叶3000亩，用茶产业助推当地脱贫攻坚，增收效果显著。

2013年6月被评为市级"党员创业带富示范户"，2013年9月被评为州级"党员创业带富示范户"，2018年6月荣获2018年"乌撒烤茶杯"贵州省第七届手工茶制茶技能大赛（扁形）绿茶赛项一等奖，2019年荣获省、州五一劳动奖章。

第四节　制茶大师

一、胡玉祥

胡玉祥（1970— ），男，贵州册亨人（图8-16），1985年迁移安龙县新桥茶场，1986年从事茶叶加工与制作；2009年在黔西南州嘉宏茶业有限公司任厂长；2008年他代表公

司在中国贵阳·避暑季之南明"黔茶飘香·品茗健康"系列活动炒茶制茶表演赛中荣获二等奖；同时他参与公司创建的"七舍涵香"品牌，在第十六届上海国际茶文化节"中国名茶"评选活动中荣获金奖；2012年在贵定参加贵州省手工制茶大赛荣获绿茶（扁形）优秀奖；2015年在江西参加"狗牯脑"杯手工绿茶炒制大赛荣获二等奖；2016年参加湄潭全国手工绿茶制作技能大赛中获二等奖；2017年参加全国茶叶加工职业技能竞赛暨"遵义绿杯"手工绿茶制作技能大赛中荣获个人特等奖；并于2015年5月取得贵州省职业技能茶叶加工中级职称，2017年9月取得国家级茶叶加工高级职称。

图8-16 制茶大师胡玉祥
（胡玉祥供图）

二、胡玉红

胡玉红（1966—），男，贵州册亨人（图8-17），1980年在紫胶场（地名）工作，1985年迁移安龙县新桥茶厂从事茶叶加工与制作，1985年11月参军于云南玉溪武警支队易门县中队，1989年12月退伍返乡，本着一颗把贵州茶做出名气的决心，独自钻研手工茶制作技术。2015年加入绿茗茶业有限责任公司，担任厂长一职。2017年在绿茗茶业有限责任公司手工制作的"万峰春韵"生态毛尖，在第十二届全国名优茶评比"中茶杯"荣获一等奖，2018年参加"黔西南州手工茶制茶大赛"荣获"一等奖"。

图8-17 胡玉红（右一）在
领奖现场（绿茗公司供图）

三、吴春菊

吴春菊（1975—），女，贵州兴义人（图8-18），十余年的专业手工制茶经验，以小叶种茶叶为研究对象，对制作手工绿茶、红茶较有心得体会。自2010年始，她代表兴义市鑫缘茶业农民专业合作社参加国家手工炒制茶比赛，并取得较好的成绩，在2017年全国茶叶加工职业技能竞赛暨"遵义绿杯"全国手工绿茶制作技能大赛中表现突出，荣获个人优秀奖。

图8-18 吴春菊手工制茶（鑫缘茶业农民专业合作社供图）

四、卢连春

卢连春（1971—），男，布依族（图8-19），1992年开始种茶并学习茶叶传统炒制方法，积累了较为丰富的手工制茶经验，2018年4月，代表兴义市乌舍种养殖专业农民合作社，在黔西南州首届职工手工制茶技能大赛中荣获手工卷曲形绿茶制作二等奖，2009年荣获黔西南州2009"多彩贵州"两赛一会制茶技能能工巧匠荣誉证书。

图8-19 卢连春
（卢连春供图）

五、张廷华

图8-20 张廷华
（张廷华供图）

张廷华（1980—），男，回族，贵州盘州人（图8-20），1992年开始在盘州种茶，现为兴义市清水河镇洛者茶叶种植农民专业合作社专业制茶师。1997年3月份开始学习茶叶加工技术，至今已有二十多年，多次参加省内的手工茶加工比赛并获奖；2016年4月贵州省六盘水市职工职业技能手工制茶（扁形绿茶）大赛获得优秀奖；2017年贵州省盘县"碧云剑"杯手工绿茶（扁形茶）技能大赛中获得县级二等奖；2018年4月参加贵州省黔西南州首届职工手工制茶大赛中获得三等奖；2019年4月参加全国茶叶（绿茶）加工技能竞赛暨"遵义红"杯全国手工绿茶制作技能大赛中获得全国三等奖。

第五节　茶文化推广名人

一、周鸣蓉

周鸣蓉（1973—），女，贵州贞丰人（图8-21），1997年毕业于贵州师范大学艺术系，1997—2003年任教于兴义市丰都中学，1999年创建兴义市竹风轩茶馆，2001年创建兴义市马鞍山茶艺馆，2003年获中华杯国际茶艺茶道邀请赛二等奖，2014年成立木知心茶业文化有限公司至今。1999年周鸣蓉开始接触茶，从创办兴义市竹风

图8-21 周鸣蓉（周鸣蓉供图）

轩茶艺馆，到马鞍山茶艺馆，再到七舍云盘山建生产基地。其从事茶叶生产加工品牌创建茶艺茶文化推广已二十余年。她曾说过："田间的茶农是我的老师，茶厂的茶工是我的师傅，市场的茶商是我的良师益友。"经过二十年风风雨雨，从一无所知到略知一二，从自傲自大到返璞归真的茶道思想，也是茶让她明白生命的意义，其只希望不愧自己不负茶，无常中顺应天意，无怨中坚强自己，无悔中追求真谛。她说："无我中贡献激情，无味中追寻真味，选择茶作为职业，我想我一定是皈依了茶"，茶便是信仰。

二、黄斯琳

黄斯琳（1974—），女，汉族，出生于重庆，曾就读重庆建筑大学计算机专业，远嫁贵州兴义安家落户（图8-22）。她深深热恋兴义这片沃土，尤其对兴义独特的茶艺、茶文化产生了浓厚的兴趣。为提升、丰富自己的茶艺技能和茶文化知识，她只身前往普洱两大品牌之一的"龙润"习茶半年，并先后到贵阳、云南、湖南、湖北、浙江、福建、北京、等地研习

图8-22 黄斯琳老师在给学生讲解茶艺知识
（黄斯琳供图）

茶艺；2017年到四川农业大学深造茶艺；此外，还多次到茶山、茶厂研习制茶工艺流程，到茶器厂家观摩茶器制作工艺，先后获得国家认证二级茶艺技师、茶艺培训教师、高级评茶员等资格证。她始终从事茶艺学习、教学及茶叶品牌的推介工作，"香茗一盏，物我两忘"是她的人生追求境界。黄斯琳先后多次到兴义的七舍、清水河、乌沙、坪东等乡镇街道的茶山茶厂、实地进行茶艺传播培训；她4次参与兴义市场监督管理局对茶叶生产许可证（SC）现场审查工作。十多年来，她累计培训茶艺学员200百余人，这些学员学成后，或为茶艺教师，或自行开办茶馆茶楼，对茶文化的推广和传播取得了积极的作用。如：学员宦勇在兴义开设的"七舍"茶楼；学员张琼在重庆开设的"锦云香"茶室，等等，不但带动了茶业经济的蓬勃发展，而且促进了茶文化的传播和推广。

黄斯琳从事茶艺教学多年，其个人茶艺修为达到了一定高度，得到了业界的广泛认可。多次受邀参加县（市）内外茶艺、茶文化的交流和指导。2018年12月，她参与贵州饭店餐饮部员工分享茶饮文化及重要的茶饮接待准备工作；2020年6月，她受邀在普安县江西坡政府扶贫茶艺培训中担任培训教师；同年，她参与黔西南州首届夏秋茶评茶暨茶艺技能大赛，她自创的《嬢嬢茶一直都在，只是红尘把她掩盖》茶艺表演作品获得第

二名的好成绩；近年来，她一直参与中国紫茶之乡望谟八步紫茶的推广和宣传工作。

黄斯琳的老父亲黄镇寰，系黄埔军校毕业并曾参加中国远征军在印缅战场抗击日寇的抗战军人，茶余饭后喜欢哼唱京剧《沙家浜》，这使黄斯琳自幼耳闻目染，特别喜欢剧中阿庆嫂这个角色。在父辈的熏陶和影响下，结合自己对茶文化的爱好，她在兴义市市中心创办了一个集品茶、茶艺培训、茶文化传播为一体的工作室，并取名为"阿庆嫂茶馆"。茶馆古朴素雅，来客喝的是茶，品的是人生，有大隐隐于市的文化意境。

黄斯琳以"阿庆嫂茶馆"为平台，以茶文化传播为己任，以茶会友，交流茶艺，传播茶文化。同时大力推介兴义及黔西南本土茶叶品牌，取得了显著的效果。此外她还积极传播公益理念，长期致力于抗日老兵帮扶公益活动，是中国红十字会下属的关注黔籍抗战老兵志愿者慰问团的一名志愿者，公益服务的足迹遍布黔西南各地区。

作为茶人，她心中始终装有中国茶道精神"廉、美、和、敬"四字，精行俭德，学为茶师，行为典范，积极推进，逐步让茶文化在兴义发扬光大。

三、潘扬勋

潘扬勋（1978—），男，贵州金沙人（图8-23），毕业于贵州大学，本科学历，2006年来兴义从事茶叶相关工作至今，取得国家认证高级评茶员、高级茶艺师资格证书。其成立贵州万峰红茶业有限公司，创建"万峰红"知名品牌。通过十多年的沉淀，他打造了一间400多平方米兼具传统美学与现代简约的万峰红茶馆，茶馆大厅陈设清新、古朴典雅，楼内宽敞明亮，

图8-23 潘扬勋（潘扬勋供图）

陈设古朴。茶馆内设有6个包房，分别是灵秀阁、秋水居、玉笙居、陶然居、万峰居、瑞祥居。万峰红茶馆用高品质的茶文化元素装饰、多元化的服务，旨为喜茶人打造兴义最美茶空间。其组织二十四节气茶会，通过不同形式的茶会活动，万峰红茶馆成为兴义市具有代表性的知名茶空间。万峰红茶馆以包房服务及茶叶销售为主，经营七舍绿茶、七舍红茶、七舍古树茶、普安红茶、普洱茶、乌龙茶、老白茶、茶具、茶生活周边产品销售。作为一间全方位的休憩场所，万峰红茶馆适合品茗谈天、以茶会友、以茶论道，亦可独自一人闲坐静思，文化交流，是难得的修身养性之地、享受生活的最美茶空间。

四、朱 钰

朱钰（1990—），女，贵州兴义人（图
8-24），硕士研究生，2016年至今于黔西
南民族职业技术学院工作，任茶树栽培与
茶叶加工专业教研室主任，负责"茶艺表
演""茶叶化学"等课程的教学。其热衷
于茶文化传播，积极参与茶产业职业教
育的建设与发展；多次指导学生参加省、
州级评茶、茶艺比赛，参与《中国茶全
书·贵州黔西南分卷》编纂工作，2019年

图8-24 朱钰老师在给学生上茶艺课
（黔西南州职院供图）

指导学生张秋源（女）在州手工制茶技能大赛茶席设计赛项中获第一名。

图8-25 张爱莲（左）正在上茶艺课
（七舍镇政府供图）

五、张爱莲

张爱莲（1991—），女，贵州兴义人（图
8-25），2016年到七舍镇中学从事教学工作。
2018年在学校开设茶艺社团，力争把七舍茶
文化带出七舍，让更多的人了解七舍。2018
年开始，每年配合七舍政府联合各个学校和
各个单位，举办茶香满园活动，让更多的人
来七舍欣赏美丽杜鹃的同时，品尝七舍香
茶，感受七舍深厚的茶文化。

六、李 萍

李萍（1990—），艺名夏天，贵州义
龙新区人，本科学历，TAC国际茶道师，
盘江红形象代言人，高级茶艺师、评茶员
（图8-26）。其从小钟爱中国传统文化，习
茶多年来，不断前往杭州、云南、上海、
苏州、陕西等地与各茶艺专家探讨学习。
其2016年受邀为普安县江西坡茶农教授茶
艺冲泡讲解；2018年参与盘江红茶学讲座

图8-26 李萍 盘江红形象代言人
（李萍供图）

贞丰站、晴隆站；多次参与茶文化视频拍摄工作，专业从事六大茶类及再加工茶冲泡教学、舞台茶艺表演教学。

2018年受黔西南州聋哑学校邀请，指导学生参加第六届残疾人职业技能竞赛，在该次比赛中荣获全省茶艺技能第二名；第七届残疾人职业技能竞赛所指导的学生荣获第二名、第四名；2019年黔西南州职业技能大赛指导学生荣获集体第二名，为兴义市残疾人在茶行业方面的就业做出了积极的贡献。

第九章

兴义茶俗

兴义是一个多民族聚居的地方，茶禅文化、饮茶风俗与茶叶生产、贸易及茶具生产是相辅相成的。兴义人民饮用茶叶的历史悠久，在人情往来的礼节中，送茶、敬茶也是最重要的风俗，茶叙，更是交友、商谈等的重要媒介，茶话会、茶会更是联谊、座谈的重要形式，在一些特定的礼节中茶俗有特定的讲究。如"上梁""开

图9-1 回族群众喝茶（民宗局供图）

财门"仪式中需茶作为供奉用品，在婚嫁礼仪中需有：白鹅一对，鸡鸭红蛋，糖食水果，盐茶烟酒，香蜡纸烛，新妇的衣裳和首饰；在安葬老人最后结束时，其子孙要跪在新建的坟前，由做法事的先生将盐、茶、米、豆、硬币等抛洒，子孙张开孝衣接住后即时跑回家中，等等。还有回族的"涨（沸水）茶一盅，一天的威风"之说，以及布依族的摩经文记载关于茶的内容都是我们今天研究兴义茶的历史和文化最鲜活的材料（图9-1）。

第一节　寺庙与禅茶文化

禅茶是指寺院僧人种植、采制、饮用的茶，主要用于自饮、待客、供佛、结缘赠送等。茶与佛教有着不解之缘，多数规模较大，功能齐全的寺院都设有"茶堂"，是禅僧讨论教义、招待香客和品茗之处；法堂内设有"茶鼓"，是召集僧人饮茶时所击之鼓；寺院设有"茶头"，负责煮茶献茶；寺院前有"施茶僧"，施惠茶水；不仅寺院的陈设和僧人的职务与茶有关，就连"寺院茶"（佛寺里的茶叶）也按照佛教的规则有不少说法：每日佛前、灵前供奉的茶汤，称作"奠茶"；按照受戒年龄的先后饮茶称作"戒纳茶"；请众僧喝茶，称作"普茶"；化缘乞食的茶称作"化茶"等。有条件的寺院由僧人自行栽种、采收、加工茶叶，专供本寺院使用。有的寺院或在别人的茶园中认领或指定一片专门做该寺院佛茶（禅茶）之用。

2010年，兴义大旱，贵阳市黔灵山弘福寺第十六代方丈心照大师，带着捐赠物资到兴义为灾民布道。听闻兴义白龙山上有一遗址名白龙寺，遂前往探寻，未果，但却尝到了白龙山上生态茶园里的绿茶，此后一直念念不忘。

2016年3月，心照大师再次到白龙山云游，正好遇到华曦公司在白龙山生态茶园举行专属茶园认领活动，了解到白龙山主峰最高海拔2207.7m，山高雾重，可谓是贵州高原上的高原—著名的兴义万峰林之巅。按常理来说，茶叶是不能在如此高的海拔上生长的，白龙山成了茶叶生命的奇迹和极限。后来经询问当地人，才知道这个奇迹是白龙山得天

独厚的自然地理条件创造的，具有高海拔、低纬度、寡日照、昼夜温差大等特点。属典型的亚热带山地季风湿润气候区，低纬度上升的气温与高海拔而降低的气温相抵消，这就是白龙山茶叶居群能够在此生存的奥秘。且白龙山附近数十千米内无污染源，产出的茶叶纯天然。心照大师当即在白龙山上亲自泡茶细品，居然胜过他生平所饮之名茶，故认领了三亩茶园，用作弘福寺众僧及接待贵客的专用茶。

2016年4月9日，心照大师带领众弟子，来到兴义白龙山生态茶园正式命名白龙山生态茶园为"弘福禅茶"。

第二节　民间民族茶俗

兴义是多民族聚居区，主要居住着布依、苗、回、汉等民族，在长期的生产生活中，共同创造了丰富多彩的民族茶俗文化。《摩央老》载："布依茶俗布依人（濮越）称灌木丛为'Xiaz霞'，乔木林为'ndongl啷'"。据布依老人传说：老辈人不是喝茶水，而是口嚼食茶树叶。人们上山打猎或做活，累了，渴了，头昏了或身体感到不适，就嚼一种四季常青的灌木树叶，想不到嚼了就感觉身体轻松，心旷神怡。人们就把它作为药用。后来，累了，口渴了，头晕了就要嚼这种常绿的树叶（genlmbailxiaz根迈霞），布依人就把这种树叶称"xiaz霞"，称"xiaz霞"是有文献依据的。布依人饮用茶汤，历史很悠久。布依"摩经"（布依有文字记载的唯一典籍）是布依人最古老的口授心记流传下来的"百科全书"；布依摩经源于何时未有确切论证。但从古摩经中的象形文字看，其起源应该早于先秦。因为有布依族的人文始祖布囊传摩的传说，也可说在远古时期就流传下来的，她是具有悠久历史和文明的布依特殊文化。元、明代以后，布依人借汉字仿音加造字为己用，创造了布依古籍经典（把口传心记得摹写成书）。布依《摩经（祈福）》篇里有"xiazmalndax，xiazmalguanh霞妈鲁，霞妈贯（茶的来源，茶的产生最先而又最早）"，布依人又把树叶摘取带回家中备用，时间长就干了，干了就用水煮，煮了吃叶，叶吃完了就喝汤，他们发现了汤汁更好喝，于是常喝饮用这种汤汁就习惯成自然，布依语称：（genlxiaz根霞）。茶树叶制成干茶叶，泡水后使用有强心、利尿的功效，即将食用也可药用。《本草纲目》中记载："时珍曰："茶苦而寒，阴中之阴，沉也，降也，最能降火。火为百病，火降则上清矣。然火有五，火有虚实。若少壮胃健之人，心肺脾胃之火多盛，故与茶相宜，这就说明了布依人茶历史的起源。

濮越人是黔、滇、桂、川的土著民族，是壮、布依、傣、瑶等民族的共同祖先，黔、滇、桂、川又是中国大西南茶文化的发源地，根据布依《摩经》和布依民间传说，"茶"的汉语名词可能首先来源于布依语的（xiaz霞）。

兴义回族是兴义原住民族之一，主要集中居住在城区和清水河镇笃家村等地。回族是一个虔诚信仰伊斯兰教的民族，"茶文化"是其风俗习惯中极其重要的一部分。回族人爱喝茶，也爱用茶待客，茶是回族人生活的一部分，回族茶道之中还蕴含着浓厚、虔诚的宗教信仰。兴义回族的茶俗文化尤为独特，基本代表了兴义民间的茶俗文化，不仅是一种生活的习俗，更是一种意蕴深长的文化礼仪。兴义部分回族群众的饮用茶叶主要是靠自己栽种制作。

一、回族婚礼中茶的作用

（一）丰富的文化礼仪

在回族的日常生活中，饮茶不仅仅是一种生活习惯、一种礼节，还包含着更深层次的一种社会关系。它作为一种载体和媒介在回族社会生活中被"注入"多种含义，起着象征作用。

回族群众把茶作为待客的佳品，每当过古尔邦节、开斋节或举行婚礼、丧葬祭祀等重要民俗活动时，主人都会递上一盅茶。使用的茶具主要是陶瓷器具，敬茶时有许多礼节，首先是当着客人的面，将茶壶盖揭开盛入热水，在茶杯里放入茶料，然后盛水，双手捧送。这样做，一方面表示这盅茶不是别人喝过的余茶，另一方面表示对客人的尊敬。如果家里来的客人较多，主人根据客人的年龄、辈分和身份，分出主次，先后捧送茶水。

（二）蕴含的宗教信仰

回族素有饮茶的传统，回族人饮茶自有本民族的方法。回族全民信仰伊斯兰教，伊斯兰教的"圣训"潜移默化地对回族人的饮茶待客之道产生了很大影响。在回族的茶文化中，有浓重的伊斯兰文化的痕迹。回族人喝茶用右手端杯，这个习俗源于伊斯兰教的"圣训"。阿拉伯国家有用手抓饭吃的习俗，抓饭的手一般用右手，喝饮料也要用右手拿杯具。

作为中华民族大家庭的成员，回族继承了炎黄子孙的传统习惯，吃饭用筷，左手端碗，右手拿筷。但是饮茶时，保留了伊斯兰教的规矩，必须右手端杯。"圣训"要求人们喝水时不要向水杯中吹或者吐，故喝茶时不能用嘴吹漂浮的茶叶。回族人倒茶时用左手抓住茶壶，右手拿茶杯，双手敬茶。主人倒茶时，客人不要拒绝，更不能一口不喝，那样会被认为是对主人不礼貌、不尊重的表现。

（三）承载的社会关系

回族的婚礼中，茶是重要的一种礼物。提亲时所带的礼物必须有茶，表示"下茶"或"受茶"。订婚时要喝"定茶"，男方家要准备回族人喜欢喝的各种高中档茶叶，然后包成小包分别送给女方至亲，女方以糖茶宴席热情款待。在回族结婚之日，除主人招待外，其他亲戚朋友协助给客人备茶，并有早茶、偏茶、晚茶之分。

二、回族节日中茶的作用

回族每逢开斋节、古尔邦节、圣经节等重要节日都要拿最好的茶来馈赠亲友、招待客人。无论红白喜事，泡茶、敬茶的人都必须先沐浴净身。

三、日常生活中茶的作用

茶叶具有医药、养颜美容等多种功效，此外，茶叶也是送礼佳品之一，回族在看望长者或重要的朋友时，茶是必带礼物，同时在日常生活中，晚辈给尊长敬茶能够体现小辈对礼数的熟知程度。

四、茶是回族人的馈赠佳品

请阿訇开经是回族人的一个习俗，也是非常重要的宗教仪式。回族人请阿訇开经一般都要给阿訇奉上上好的茶叶，向阿訇泡茶敬茶时须沐浴净身，以示对阿訇的尊重。在穆斯林的斋月，乡亲间互赠茶叶，互道祝福，以示吉祥。

第三节　谈婚论嫁中的茶俗

明代许次纾的《茶疏》中写着："茶不移本，植必子生。古人结婚必以茶为礼，取其不移植子之意也。"古人认为茶树只能用种子来萌芽，移植的话是很难存活的，这可以用来代表爱情的忠贞；而茶性最洁，也就是茶可以代表爱情的纯洁无瑕；茶树有很多籽，可以用来象征子息繁衍昌盛；茶树四季都是青色的，可以代表爱情永世常青，所以男女结婚也是以茶为礼。

兴义市部分人家仍然将订婚、结婚称之为"受茶""吃茶"，把订婚的定金称为"茶金"，把彩礼称为"茶礼"，甚至还保有"三茶六礼"的习俗。"三茶"即是订婚时的下茶，结婚的定茶，同房时的合茶。"六礼"即是纳采、问名、纳吉、纳征、请期、迎亲。以茶为聘礼，男方给女方送去茶叶以定终身，称"下茶"；女方应允后，男方再送去茶叶，女方收下，就算正式订婚了，称"定茶"；在新婚之夜，新郎新娘相互敬茶，称"合茶"，取和合美满之意。婚礼时，还要行三道茶仪式，对天地、对父母、对亲朋好友及宾客，且作揖后才可饮，这是最尊敬的礼仪。

第四节 茶俗茶事

我国丰富多彩的民间习俗中，"茶"与丧祭间关系密切，"无茶不在丧"的观念对中华祭祀礼仪具有重要影响。以茶为祭，可祭天、地、神、佛，也可祭鬼魂，这就与丧葬习俗发生了密切的联系。上到达官贵族，下至黎民百姓，在祭祀中都离不开茶叶，无论是汉族，还是少数民族，都在较大程度上保留着以茶祭祀祖宗神灵，用茶陪丧的古老风俗。

历来，我国都有在死者手中放置一包茶叶的习俗。在古老的传说中，人死后要被阴间鬼役驱至"孟婆亭"灌饮迷魂汤，让死者忘却人间旧事，将死者导入迷津服苦役，而饮茶则可以让"死者清醒"，保持理智而不受鬼役蒙骗，故茶叶成为重要的随葬品。

茶叶历来是吉祥之物，能"驱妖除魔"，并保佑死者的子孙"消灾祛病""人丁兴旺"。在兴义市境内，"白事"中茶有着不可替代的作用。当家里有老人过世时，宾客来到家里，主人家必须要双手给宾客递上一杯茶，以表示对他们来参加葬礼的感谢。

一、兴义布依族烤米茶

布依族是一个拥有300万人口的民族，在全国少数民族人口中位居第十，在贵州少数民族人口中位居第二，仅次于苗族。布依族有自己的语言，历史上布依族曾经产生过几种文字但并不通用，主要流行于宗教职业者。据专家考证，布依族是地道的贵州原住民族。秦代以前，布依先民聚居在贵州南、北盘江等流域。五代以后，多被称为仲家。有专家认为仲家及仲家先民长期生息在山间河谷，善种稻谷，作为中国南方古老先民的布依族，主要聚居在古夜郎的腹地，距茶树原产地和茶文化发祥地较近，闻名天下的四球茶籽化石、四球古树茶就发现于此。

"烤米茶"作为兴义布依族传统茶品，也曾是茶马古道上马店茶馆内迎送贵宾的一道高端茶（图9-2）。它的制作方法也略有讲究，最原始的制作方法中原料仅有茶鲜叶、糯米，根据个人口味还可增加花生、红枣等食材（图9-3）。烤茶用的茶罐也不能是普通茶罐，必须选用耐高温、品相佳的特质土陶罐（一小、两中、一大）。首先用炭火将所有陶罐烧烫，然后将糯米放入小陶罐中，边烤边上下抖动翻炒，烤制糯米颜色变为焦黄即可；然后将茶叶鲜叶放入大陶罐中，边烤边抖动手腕翻动茶叶，直至鲜叶完全变干，呈绿褐色；最后将烤制好的茶叶和糯米一起放入中陶罐中，注入沸腾的开水，再全部倒入另一个中陶罐中，立即出汤，即得到了"布依烤米茶"。"烤米茶"茶汤黄绿、滋味清甜、有淡淡的米香味，具有解酒、去油腻、化食等功效。

图9-2　做烤米茶（付时珍供图）

图9-3　精选烤米茶茶青（付时珍供图）

　　布依族人民在用"烤米茶"招待贵宾时，会将"前三碗茶"赋上独特的寓意以此来祝福宾客。第一碗"福满人间"；第二碗"苦尽甘来"，一是代表宾客长时间的等待终于迎来结果，二是代表茶叶滋味中的苦尽甘来，三是祝福宾客熬过艰难的日子终将换来美好的未来；第三碗即为"回归自然"。"烤米茶"作为布依族传统茶文化，受现代快节奏生活的影响，已经逐渐淡出人们的视野。目前兴义仅有一家茶馆继续坚持并推广着"布依烤米茶"。

　　布依族作为农耕民族，尤其偏好糯米食品，有"无糯不过节，无糯不成礼"之说。对糯食的嗜好，也形成了饮食文化中独特的糯食文化。"糯米"在布依族文化中也有着独

特的含义，在重大节日或者招待重要客人的时候，布依人民都会端上精心制作的糯米美食和"烤米茶"。

二、兴义精洁茶室旧事

说起兴义茶事，往事犹历历在目。先辈回忆，20世纪40年代精洁茶室发展极盛，上午卖清茶，下午和晚上评书下茶，时常挤满客人，小孩子也难得挤得进去，好不热闹。

精洁茶室（俗称吴家茶馆），由吴觉一（又名吴超群）大约创办于19世纪末20世纪初，由其子吴天禄（又名吴百寿，1895—1983年）继承家业，经营到20世纪40年代发展至鼎盛，1955年由国家公私合营改造成食品店、国营第二旅社后逐渐衰退直至消亡。

兴义旧城的规划和建设极为讲究，以现在的街心花园为中心，呈八卦向外辐射有铁匠街、豆芽街、杨柳街、宣化街、沙井街、稻子巷等十三条街道，布局合理独特，在小城市中可谓独树一帜。多条街道里面分布有多家茶馆，如铁匠街（25号）有吴家茶馆，豆芽街有刘家茶馆，宣化街有徐家茶馆，湖南街有蔡家茶馆等四家大茶馆，其中又数吴家茶馆名气最大，经营最盛，门庭若市。

吴家茶馆是典型的石木结构四合院，据有关人士回忆，最迟在十九世纪中叶主体及附属建筑就整体完工。正房三层设堂屋、院窝等，左右两侧厢房及门厅房各两层，设卧室、厨房、茶室、茶水房、加工房、客房、工人房等房间，天井四方形长宽各约10m，用石板铺成，天井石阶正房侧三阶，另外三侧各一阶，正房屋檐下的石阶已被雨水冲滴出凹痕，天井一侧放置一口石材大水缸以备不时之需。四合院门窗、茶桌、茶椅、茶凳等木器上，精雕细琢各种精美雕刻图案。四合院后面建有吴家祠堂和花园，园中种植橘子、石榴、海子梨、花红、水晶葡萄等花木并放置盆景等供亲友客人欣赏。早春一过，燕雀总是如期而至，一派鸟语花香的景象。整栋四合院及附属设施作为茶馆，假如放在当下也是堪称浩大。

泡茶选料及流程既讲究又实用。茶品精选香片、沱茶、砖茶、兴义古茶等，主要来自云南马帮送货上门。茶客根据人数及爱好可选10铜钱一大壶或5铜钱一小壶再或者3铜钱一盖碗等，并可另选茶点下茶，客人一边喝茶吃茶点一边听书，优哉游哉，陶陶乐乐。泡茶用水首选冒沙井井水，生活用水选用湾塘河河水等。茶水房靠边设长排煤炉灶烧水，依此经由头水锅一口首先预热至约40~50℃，转二水锅一口加热到70~80℃，再分至小水壶若干烧开水泡茶。头水锅铁质，口径约1.3m，二水锅口径约1m。客人进入茶馆，可选前堂或后堂入座，前堂安放7~8桌，后堂摆放十余桌。

茶馆的另一产业是生产糕点，诸如重油蛋糕、沙琪玛、饼干、金钱酥、牛奶酥、糯米糕等十余种系列点心，这在当时就是响当当的名优糕点。客人单买糕点或吃茶后买上糕点一两封（包）与家人分享，馈赠亲友等，都不失为极好的伴手礼品。

每逢春节，为了吸引和回报广大茶客，营造茶馆喜庆氛围总是要提前备许多纸捻子和篾条，绑扎些走马灯，扎一条黄龙和一条青龙，以及送春联等活动，为春节增添气氛，这个传统一直保持。在茶室厨房张贴一副春联：饭恐有沙需细嚼；水虽无骨莫急吞。横批：劳而后食。

也许是机缘巧合，茶馆后人吴忠纯1979年考进安徽农业大学茶叶系机械制茶专业，系统地学习茶叶的理论和实操，出于对茶的热爱，他牵头在兴义开办了贵州黔西南春夏秋茶叶有限公司及附属茶楼，从事茶叶生产经营，从而传承了祖上对于茶的不解之缘。

兴义精洁茶室旧事虽曾经是吴家的荣耀，但亦是兴义茶馆、茶事、茶史的一抹烟云。虽然已成往事，但仍可供人们回味。

三、七舍茶事

七舍镇是兴义的"产茶大户"，生于此、长于此的七舍人爱茶，爱种茶，爱喝茶，也爱制茶。

从兴义市区到七舍，过八环地、经马格闹、过革上就到了七舍街上。需要沿着盘山公路不断向上攀延，一路上苍山环绕，峰林遍布，贵州"地无三里平"的地貌在这段路上体现得淋漓尽致。年均气温12~15℃，冬无严寒，夏无酷暑，1500mm左右的年降水量和高山堆积的水雾使土地变得湿润，给了茶树长久旺盛的生命力。据七舍镇鲁坎村老林组《郑氏族谱》增页记载："皇清国四川珍州嘉庆五年（1800年）迁出于老林定居。带来粮种茶果银子等在此繁衍生息……"七舍至少从清朝起就开始种茶、制茶、售茶。截至2019年年底，兴义市共有新老茶园种植面积6.03万亩，七舍镇即有2.62万亩。

走进七舍街上，几乎每个门店都放着一张或方正或圆润的桌子，桌上放着或简单或齐备各式各样的茶具。小镇上的人爱聚在一起，起先只是一两个人往一家喜欢喝的、相熟的店里一坐，街坊邻居慢慢汇聚起来，你带来新炒的瓜子，我带来刚煮的花生，最受欢迎的当然还是滋味醇厚、香气高鲜的茶叶。人一多，话题便多了，刚发生的国家大事和自己的峥嵘往昔都拿出来聊一聊，争论起来时一群已成家的大人都像不服输的孩子，理论不过时便提高音量，"大喇叭"一出，附近的人闻声而来，直把主人家都挤得没地方可坐了才肯作罢。主人家也不恼，毕竟在七舍，这可是只有人缘好、茶叶好的人家才能拥有的殊荣。

老人说"能做出一锅好茶的人，做出来的清炒时蔬也一定不会差"，由此可见，七舍茶人都是厨艺界的"单项好手"。他们有些是制茶技艺的传承者，传承古法制出的茶叶叶片完整，白毫满披，香高味鲜，汤色嫩绿，叶底黄绿匀亮，饮之茶香遍布口腔，回甘明显，令人心旷神怡。有些是制茶技艺的探寻者，不断结合本地树种，优化制作程序，在古茶树被大量应用于制茶后，他们以传统工艺为依托，完善了古树茶制法，制出的茶叶香气更高，滋味更浓厚，深得"老茶客"的喜爱。

七舍人爱茶，茶叶不仅给予他们精神上富足，也给他们带来物质生活的提升。他们珍惜与茶相处的每一个过程。从一棵幼嫩茶树的栽种，到一片鲜绿芽叶的采摘，再到将鲜叶制成细紧的成茶，直至最后将它又泡开，变成一片新的、舒展着的、散发着香味的叶子，都能令七舍茶人获得由衷的喜悦感和满足感。这些都是他们将七舍茶做好、做大、做强的内源动力。

2018年，国家市场监督管理总局商标局通过"七舍茶"地理标志注册申请，这是兴义第一个茶叶的地理标志。在未来，兴义茶人将也投入更多的时间和精力，让兴义茶以更好的姿态走向省外、走向世界。

第五节　采茶歌与采茶调

兴义市的许多节日和山歌之间密不可分，例如查白歌节、赶表、箭节等节日，而与茶相关的采茶歌与采茶调等则是山歌中的重要组成部分，大多是在茶山上或晚上青年男女浪哨（恋爱）时对唱。

布依茶歌

今早起来上茶坡，传来阿妹采茶歌；歌声好比百灵鸟，句句留在哥心窝。

阿妹采茶唱山歌，阿哥听后魂已落；双手好似在织布，一会采了一大箩。

阿妹制茶真传神，茶叶翻滚龙腾云；此身无缘妹相配，来世重做有缘人。

阿妹送茶给阿哥，阿哥喝了甜心窝；想妹时候把茶饮，胜似灵丹和妙药。

（李刚灿）

布依族情歌

大齐坐在堂屋间，打罐茶来炖火边；茶杯不离茶罐口，情妹不离花园边。

六月采花太阳辣，郎采茶叶妹采花；妹采花朵郎陪伴，石榴陪伴牡丹花。

十月采花过大河，河边茶花开得多；情妹采花一朵朵，不知明春是如何。

布依茶歌（节选）

吃烟不够复二杆，喝茶不够上茶山；哪个晓得茶山路，细茶有吃花有探。

八月采茶八月八，哥哥约妹去采茶；妹采多来哥采少，采多采少要回家。

九月采茶是重阳，重阳茶叶味浓香；多留少采养好树，还看来年有茶尝。

（郎元兴收集整理）

采茶情歌

四月采茶茶叶长，采茶姑娘两头忙。大姐忙得茶叶老，二姐忙得麦掉黄。

五月采茶是端阳，情妹打酒泡雄黄；劝郎多喝雄方酒，免得虫蛇爬衣裳。

六月采茶热茫茫，买把雨伞来遮阳；只要郎心合妹意，一人打伞二人凉。

想吃茶叶要茶杯，想联情妹要会催；联得情妹一家做，小郎情妹心不灰。

（黄凌昌收集整理）

第十章　兴义茶馆文化

兴义茶馆又称茶事、茶坊、茶店、茶铺、茶室、茶楼、茶座、茶厅、茶园、茶苑。

第一节　茶馆历史渊源

兴义茶文化历史悠久，始于唐，盛于明清的茶马古道兴义段约60km，贯穿兴义东西。茶馆文化曾经盛极一时（图10-1）。据《民国兴义县志》（2018年点校本355页）记载："服饰既简朴，饮食自不能奢华。惟城区饮食较为考究，每日早晚膳后，呼朋引伴到茶馆酒店畅饮。无论贫富，皆有此习"。茶馆的踪迹开始被记录下来。

图10-1　兴义茶馆文化缩影（宋加兴供图）

据世代居住兴义的原吴家茶馆后人吴忠辉（76岁）老人回忆，20世纪40—60年代，兴义城区有铁匠街吴家茶馆，占地面积200m²（图10-2）；湖南街蔡家茶馆，占地面积160m²；豆芽街有刘家茶馆，占地面积120m²；宣化街有徐家茶馆，占地面积80m²。其中以铁匠街吴家茶馆，规模最大，生意最为红火。当时的茶馆泡茶基本上用煤作燃料，烧水泡茶流程：头水锅（1.5m左右直径、烧水至30~40℃）——二水锅（水温增至60~80℃）——三水锅（水温烧到100℃），然后再用铁制、铜制、瓷器茶壶若干个，根据茶客需要泡制不同品种、规格的茶以供客人饮用；当时的茶馆主要经营业务：经营的茶品主要来自贵州当地和云南，茶种类和品种有香片，沱茶，砖茶等。

图10-2　1963年吴家茶馆主人吴万康及长子吴忠纯先生在茶馆天井留影（吴忠纯供图）

另据常住兴义老人们回忆：新中国成立前、后，兴义县城的杨柳街、铁匠街、黄草坝、湾塘河一带有很多的茶馆、茶摊存在；同时有许多马店，马店兼具食宿作用，内用铜制大茶壶泡茶，一般的赶马人和来客自行用碗取用；也有马帮头和富裕的客商享用专制的陶罐高温经烤热后，加入糯米和茶叶特制成的烤茶。现在兴义仍然恢复并开设有一家传统的烤茶茶馆。

很多珍贵的史料或毁于兵火，或湮没在历史的长河中，实物、图片留存极少，至今仅发现留存的有：民国时期兴义名人刘显潜先生家铜制煮茶壶一只等。

第二节 兴义当代茶馆、茶楼、茶室

随着时代的变迁，兴义的茶馆逐步演化成当代的茶楼、茶室，其主要功能由纯粹的饮茶解渴逐步演变成集住宿、就餐、品茗、出售茶叶及相关器具、洽谈商务、表演、培训茶艺一体的综合化平台。兴义的西南茶院、汉唐学院、阿庆嫂茶馆、夜郎夫、锦合茗苑茶室等茶馆、茶楼、茶室都是兴义目前集茶艺教学、茶叶审评为一体的专业培训机构，近年来为兴义及周边地区培训了一批茶业工作者，对助推兴义茶产业的发展起到了积极的作用。兴义的茶馆、茶楼、茶室很多，主要代表如下：

一、七舍绿山茶楼

兴义市鑫缘茶业农民专业合作社2017年在兴义市桔山街道桔香路安置区创立"七舍绿山茶楼"旗舰店，一栋五层总面积600m²。茶楼主要经营以"绿山耕耘"为主的七舍绿茶、红茶、古树茶等兴义地方特色茶叶产品，并举办兴义地方品牌"七舍茶"的品茗、茶艺表演、茶文化活动（图10-3）。

图10-3 兴义市绿山茶楼一角
（宦其伟供图）

二、茶木道

贵州省兴义市茶木道茶行成立于2014年，投资848余万元，总店（集合馆）位于梦乐城写字楼14-2，二分店（茶木道）在梦乐城购物中心二楼，两店总面积510m²，经营销售当地40余家农户作坊和农民合作社的茶叶（图10-4）。其主要从事黔西南州茶叶、茶具产品销售及茶生活、茶文化推广，注册商标"茶木道"，集合贵州山水无为文化传媒有限公司、融合"茶文艺沙龙空间+茶馆空间+茶店空间+咖啡+精酿啤酒+洋酒销售"，主办了文艺沙龙活动60余场。

图10-4 兴义市茶木道茶行（黄罗供图）

茶行旗下还有电商平台网络商城。2018年公司"布依袋泡红茶"获黔西南州国际山地旅游商品大赛一等奖。

三、万峰红茶馆

"万峰红"品牌发源于兴义市万峰林山脉七舍镇海拔2100多米的白龙山；其茶馆面积420m²，茶舍兼具传统美学与现代设计感，大厅陈设清新、古朴典雅，楼内宽敞明亮（图10-5）。馆内设有6个包房，雅号"灵秀阁、秋水居、玉笙居、陶然居、万峰居、瑞祥居"。茶馆以优质服务和茶文化元素装点，旨为喜茶人打造兴

图10-5 万峰红茶馆一角（潘扬勋供图）

义最美茶空间。万峰红茶馆以品茗服务、茶叶销售为主，经营七舍绿茶、红茶、古树茶、普安红茶、普洱茶、乌龙茶、老白茶及周边产品销售。作为一间全方位的休憩场所，万峰红茶馆可品茗谈天、以茶会友、以茶论道，亦可独自一人闲坐静思，是难得的可修身养性、享受生活的"五维"茶空间。

四、兴义市聚茗苑茶店

兴义市聚茗苑茶店由原"古树茶庄"更名而来，成立于2011年8月（图10-6、图10-7）。通过8年的经营，茶店发展规模日益壮大，获得新老客户的一致好评。其主要批发零售兴义、普安和晴隆的绿茶、红茶，经营茶叶器具。为了给顾客提供更优质的服务，同时也为了响应国家"大众创业、万众创新"号召，创业的同时为社会提供少量的就业岗位，茶店营业面积扩大为150m²，不定期举行斗茶、品新茶活动。

图10-6 聚茗苑茶馆外景（王燕供图）

图10-7 聚茗苑茶馆内景（王燕供图）

五、黔西南州夜郎夫茶石文化馆

黔西南州夜郎夫茶石文化发展有限公司成立于2016年8月。公司位于兴义桔山大商汇 B 3组 2号写字楼28-03，是一家研发、销售纯手工茶，同时提供茶、石文化交流平台的公司。公司拥有茶艺精湛的年轻茶艺师和制茶团队，力求将黔西南丰富的生态茶资源和纯天然观赏石资源相结合，创建独特的茶石文化品牌（图10-8）。

图10-8 黔西南州夜郎夫茶石文化馆缩影
（宋加兴供图）

公司始终坚持传承匠人之心，充分利用世界茶籽化石之乡黔西南境内丰富的茶资源，精制健康之饮。创始人宋加兴在以黔西南州望谟县一个偏远少数民族村落的古茶树群体为基础，结合传统工艺，研究了一套完整的古树茶制茶技法。其所制的"春郎、红娘、黔梅、黔古六里香"等赢得茶商、茶客的一致好评，制茶技艺得到同行的认可。

六、锦合茗苑茶室

锦合茗苑茶室是一家集茶、器、艺、道为一体的茶业文化有限公司。公司以优质的服务、传承中国茶文化精髓、分享锦合茶事为宗旨，打造了一个良好的禅茶修所，以"胸罗锦绣，知行合一"为文化核心，倡导健康丰富的茶生活，助力兴义茶文化的宣传推广。锦合名苑曾荣获贵州省茶业协会职业培训基地、贵州省茶业协会少儿茶艺专委会兴义工作站称号。

锦合茗苑视野开阔，窗外高楼与远山交相辉映，兴义窗口——桔山CBD的繁华一览无余，给客人展现了一个独具魅力的发展中城市，领略到兴义之美、新、秀。原木色的茶桌，素雅的桌旗，古朴的茶器，与茶艺师烹制的袅袅茶香融汇在一起，营造出一片清净无垢的净土，洗去人们身外的污浊，让每一次的喝茶都成了一场心灵的修行。

七、贵州黔西南春夏秋茶楼

贵州黔西南春夏秋茶楼位于兴义市桔山街道金州体育城C2地块9栋1/2楼9-1/2-4商铺，是一家集茶叶采摘、加工、销售、农产品销售、文化传播的茶楼。茶楼窗口

图10-9 贵州黔西南春夏秋茶叶有限责任公司
春秋茶楼（吴忠纯供图）

面积150m²，主要研发生产"庆金福"、小有特色的金和茶系列茶产品，以满足各层级茶品消费需求和茶旅采制体验需求，以及茶粉发烧级的个性需求，努力创制一个地方性小众茶旅品牌（图10-9）。

第三节　现当代茶馆

兴义目前的茶叶经营场所有茶庄、茶楼（茶城）、茶馆等几种，2019年底，兴义注册的涉茶企业、合作社、公司、个体经营户共464家（个）（图10-10）。其中，茶庄、茶楼、茶馆按其功能划分为以下几类：

图10-10　七舍镇街上的茶馆茶楼
（宦其伟供图）

①兴义所属乡镇建设茶叶基地后，在其乡镇所在地集市开设茶楼、茶馆、茶店；既开展品茶活动，也推销自己的茶叶产品。兴义市以七舍镇街上小茶馆最多，目前有13家茶馆茶楼。

②设在兴义市区内的茶庄、茶楼（茶城）、茶馆；以休闲、品茗、销售各类茶叶、展示茶艺、传播茶文化为其主要功能；代表有马鞍山茶艺馆、茶木道、万峰红茶楼、玉凤茶庄等。

③集品茗和专销某一品牌为主的茶楼；如桔香路的"七舍绿山茶楼"为专销"七舍茶"的专营茶楼。

兴义现当代茶庄、茶楼（茶城）具体代表如下：

和欢山茶园(茶楼)位于兴义市桔山大道汇金购物中心四楼，营业面积238m²。2018年6月由在黔经商20年的台商黄仁明打造。茶楼主营原生态的台湾高山茶、七舍古树茶、

图10-11　合欢山茶园（罗德江摄）

绿茶、红茶、普安红茶、陈年普洱、花草茶等。和欢山茶园(茶楼)是集茶、茶具、茶器及茶饮为一体的综合性茶楼，并以茶为媒进行了雅风国艺传统乐器表演、中国传统文化推介、茶艺培训、七舍白茶推广、玉器知识讲座等健康文化传播。茶楼于2018年加入了兴义市茶产业协会。和欢山茶园(茶楼)是外地茶商在兴义开办茶馆茶楼的代表（图10-11）。

　　静怡阁茶舍位于兴义市桔山办金州体育城C3滨水庄园7栋1–5号，占地面积128m^2。经营特点是：到当地茶叶基地自行采购茶青，参与茶叶加工、制作，开展茶礼定制，到茶馆品茗，茶艺表演等（图10-12）。

图10-12　静怡阁茶舍（罗德江摄）

大堂淑女高歌
翩舞烈焰若珍阆
世惠八方
庚午年 桂月
茶幺实盈其燃撰书

第十一章

兴义茶文

宁张宏发

和茶叙邻香港

第一节　古今诗文（节选）

一、古代诗文

一字至七字诗·茶

茶

香叶，嫩芽。

慕诗客，爱僧家。

蔫雕白玉，罗织红纱。

铫煎黄蕊色，椀转曲尘花。

夜后邀陪明月，晨前命对朝霞。

洗尽古今人不倦，将至醉后岂堪夸。

（唐·元稹）

此诗为宝塔诗，属于一种文字游戏类的诗，因从一字始至七字终，故又称"一七令"。诗中写了茶的本性：味香和形美；写出了茶的内涵："慕诗客"和"爱僧家"；写出了煮茶的工序：需用白玉雕成的茶碾，红纱制成的茶筛；写出了烹茶的要诀：铫中煎成"黄蕊色"，碗中浮去细饽沫。最后写饮茶：晚邀明月，晨对朝霞，特别是酒后一碗，神清意爽，古今不倦。

黎峨四时田家乐

陇头云，乐田家，丁丁筑场纳禾稼。

午风凉处破新瓜。

蛙鼓撼残荷，蝉吟透菊花。

天地尽宽鹤展翅，水天一色鸥点沙。

烧红叶，煮浓茶，父子共叙丰年话。

亲友过从步当车，从今后无牵挂，省却纷拿。

（佚　名）

本诗为流传在本地民间的清人作品，分写春夏秋冬四首，这是其中第三首，作者姓名不详，故用佚名。诗中新瓜、菊花、水天一色等句，点明时序为夏秋之季。更于丰收之余有亲友过从、父子共叙，于浓浓秋染之际煮茗共品。一幅田园农家乐的图画，在读者的眼前徐徐展开，乡情与乡愁尽在画中，美丽之致，回味无穷。

过龙头山农家小憩

路旁遥揖使君车，小坐寒暄一碗茶。抱布牵牛村市早，斜风细雨过乌沙。

（佚 名）

与《黎峨四时田家乐》一样，该诗为流传在本地民间的清人作品，是一道描写品尝清明茶的诗，似有杜牧"清明时节雨纷纷"的感觉。以农家小憩得饮茶一碗，道出解除使君马疲车困的缘由。再以"村市早"和"斜风细雨"点明春天的到来，是一首描写农家畅饮春茶的好诗。

二、当代茶诗

七舍寻茶

万重峰顶卧白龙，青岚深处觅茶踪。遥见老翁摘芽去，烟飘农舍香悠悠。

（吴宗泽）

该诗为今人所写，但古意郁浓，诗意清新自然。首句点明地址为万峰之巅——白龙山。"青岚""茶踪"写出茶海之宽阔，"老翁摘芽""烟飘农舍"则描绘出了一幅闲适、清静的人间仙境图。

赞茶道

2020年，庚子年，中秋国庆双节前夕，茶业专家，同宗兄弟忠纯在山水之间气候宜人的故乡兴义，立业兴茶。

弟业为好承，天命之期再立新，手持绿叶，与人留香，可谓非凡独到之举。既弘扬悠久的中华传统文化，亦可由此品上一杯好茶，不失创业好选择。自古长寿者，均喜茶事，茶茗久服，令人有力、悦志，茶，是上佳的生活方式也是一名好事业。

茶事，和本门吴氏家族渊源深厚，早在二十世纪四十年代，兴义铁匠街小有名气的精洁茶室（俗称吴家茶馆）由祖父母继承并弘扬。上午卖清茶，下午和晚上评书下茶，茶客边听书，边饮茶，悠哉游哉，乐乐陶陶，鼎盛时小孩想听书都难得挤进大堂，业为一家人生计。今兄弟旧业成，退休后又起茶事，继往开来，祖上有知定倍感欣慰，以弟为傲。

（贺春夏秋茶业）

据史料记载，历史上最长寿的两个皇帝，一是唐（周）朝的武则天，二是清朝的康熙，都活到了80多岁，这与他们一身都喜欢饮茶不无关系。而今，众多疾病越来越年轻化的当下，戒烟限酒多饮茶不失为明智之举。

春夏秋冬六十载，在忠纯茶业开业之际，感触颇多，拙文以情，一为祝贺，二为共勉，祝弟乘风破浪，再创辉煌！

先辈茶道几十年，门庭若市成旧事。而今忠纯承祖业，功夫胜出迎众客。

吴氏五代数十人，未有一人生癌变。欲问其中缘何故，淡淡清茶驱病邪。

（吴忠辉，于 2020 年夏）

第二节　当代艺术作品

茶界前辈，"茶籽化石"发现者卢其明先生在品尝黔西南春夏秋茶叶有限责任公司"合茶"后，给予很高评价，即兴赋诗，作品如图11-1。

兴义是茶的起源地之一，茶文化历史悠久、底蕴深厚。当代的茶文化艺术作品纷呈，这里选取了由吴勇用隶书写的"茶艺"（图11-2）；由林治作词，陈国芳用小篆书写的"冷也罢，热也罢，世态炎凉任变化。闲心静品七碗茶，澄怀看世界，壶里乾坤大"（图11-3）。

图11-1　卢其明先生赋诗

图11-2　吴勇书法作品
（周鸣蓉供图文）

图11-3　陈国芳书法作品
（词作者林治，周鸣蓉供图）

第三节　茶传说故事

一、仙马送茶种的故事

贵州玉堂春农业发展有限责任公司的茶叶基地，位于兴义市木贾街道干沟村，海拔1500~1600m，又名"亚布黑"。这里山清水秀，山高林密，终年云雾缭绕，是好种茶、种好茶的地方。

传说很久以前，兴义周边并不产茶叶，人们喝茶需要从很远的云南运来。有一天，天气晴好，天空中飘着朵朵祥云，村民们都在地里干活。傍晚时分，从西边飘来的两朵莲花状彩云和周围的云朵都被一阵大风吹得翻翻滚滚，天也一下昏暗了下来，村民们隐隐约约看到小的东西撒落下来，但并未在意。第二天早上，有一个商人模样的人自称叫"亚布黑"，找到几个村民，说他的马不小心摔死了，这匹白马帮他驮运货物十几年了，请他们帮忙把白马埋了。热情的村民们按照亚布黑的要求，把白马就地掩埋。过了两个月，白马掩埋的周边十几里，地里都生长出了很多小树苗，村民们都不知道是什么树苗，感到很奇怪。

　　有一天，一个茶商贩茶经过这里，听到村民们议论起小树苗的事，就让村民带他去看那"奇怪"的小树苗，又问村民近来可发生过什么奇怪的事。村民们就把两月前"亚布黑"的事告诉了他，并带他查看了摔死马的地方和马的坟墓。这位见多识广的商人就告诉村民们，这其实是茶神送茶种。

　　原来那一天，茶神派他的弟子们从云南运送茶种到广西，其中一个弟子叫"亚布黑"，他送茶的前一天晚上，和其他几个弟子一起吃饭，多喝了几杯。第二天，其他弟子都早早地牵着各自的仙马驮茶种子离开，"亚布黑"迷迷糊糊睡到中午才醒来，他到种子库里稀里糊涂地提了两袋种子，驮上白色仙马就走了。到了傍晚，已到兴义境内，"亚布黑"才酒气散去，清醒过来。他这才看了看白马驮的袋子，不由得一惊，他居然把种子拿错了！一袋是茶叶种子，一袋是油茶种子。他想：我这样把种子送去，师傅知道了肯定要责罚我。突然他往云下一看，只见云下的大地，一片山清水秀，傍晚时分已"云雾笼罩"，是个种茶的好地方。于是，他飞到仙马的上方，施展法术，刮起一阵乱风，一不小心"摔"了下来，正好砸在仙马背上，把装种子的口袋"砸"破了，种子到处散落。那仙马被砸的在空中翻了几个跟斗，掉了下来，在地上踏出了一片"蹄印"。仙马由于摔伤太重，第二天就死了，亚布黑才请村民们把仙马埋葬。村民们为了纪念为他们送茶的"亚布黑"，于是就把寨子叫作"亚布黑"了。

　　现在还能在仙马摔死的地方（石板上）找到仙马蹄印（图11-4），对面的山包下方有仙马的坟墓，还能看到仙马坟两边靠"亚布黑"寨子的树林里有茶叶树苗，而靠毛栗寨一侧的树林里有油茶树苗。

图11-4　传说中的仙马蹄印
（卿贵琪供图）

二、传奇白龙寺

兴义七舍白龙山上对着纸厂方向有一岩洞，在岩洞之上不远处的原始森林中，有古寺遗址一处。据当地百姓代代相传，该洞名白龙洞，该寺名白龙寺。白龙寺建于大约600年前元末明初，至清朝初年（约300年前）遭雷击后，当地百姓维护不力，全被风雨侵蚀，至今只剩下寺庙的断壁残垣埋没在树木之中，空留下几度沧桑，让后人慨叹。

那么，当时人们为什么要在高高的白龙山上修建这么一座白龙寺呢？经采访当地民间多位老人得知，缘于一个传说故事。

相传东海龙王的第十个小王子名叫白龙，从小聪颖过人，身体矫健，心地善良，最恨人间不平之事，常常化身到民间体察疾苦。一日，白龙王子奉父王之命到西南夷列之地视察旱情。白龙王子领命后，踏白云、乘清风、越远山，须臾便到达西南夷列之上空。发现南北盘江滔滔流淌，两岸青山相连，物产丰盛，树木繁茂，并无旱灾迹象，于是腾空返宫向父王复命。当他飞越一个名叫七舍的地方时，看到地面上一队人马奔杀而来，仔细一看，竟然是一队官兵在追杀一个身背长矛、手持弓箭的娇小少女。

白龙王子心想，官兵应当为国保民而战，为什么对一个少女实行穷猛追杀呢？眼看少女虽然功夫非凡、勇猛无惧，但体力渐渐不支。白龙王子为少女打抱不平，迅捷从腰间拔出随身佩戴的"风雷剑"向官兵们头上一指。只听见"轰隆"一声雷鸣，顿时乌云密布，风雨砂砾成团翻涌，径直罩向官兵们头上。官兵们突然遭此袭击，无法睁眼，纷纷退避，停止追杀。

白龙王子目视少女安全脱险后，迅速化作一个慈善长者降落在少女前路伫立等候。当少女走近时，白龙王子叫住少女，询问她的名字，官兵何故追杀于她？少女说自己名叫阿沙，本是附近彝族村寨中一位普通民女，这里的官兵欺压百姓太久，百姓们的生活困苦艰辛，犹如水火，自己恨透了这些欺良霸善的官兵们，曾数次带领民众与官兵据理力争，所以官兵们恨透自己，早想置自己于死地，只是碍于没有一个说得出的理由，刚才这些官兵之所以敢于光天化日之下追杀自己，是他们终于找到了一个我谋反的理由，因为我获得了一个宝物。白龙王子说什么宝物？此话怎讲？于是少女说自己曾经梦见一个脚踩莲花的仙人，赐给她天书一本，护身战袍一套，茶豆战兵数升（盛装在升子里的茶籽和黄豆），宝剑一柄，金弓一副，箭镞若干，官兵们知道后，说此宝物是我偷盗而得，还认定我是想要用茶豆战兵行谋反之事，犯下了杀头之罪，所以肆意追杀，实则是官兵们想要夺我的宝物罢了。白龙王子说："阿沙姑娘，你为什么不把仙人赠送你的茶豆战兵布阵作战？而受此追杀？"阿沙说自己对天书上的口诀还未完全理解深透，故此至今茶豆未成人形，更别说成为茶豆战兵。

白龙王子早已知道地方官兵欺压百姓的事，愤愤不平，再加上刚才亲眼看见了官兵们的凶狠残忍，早在心里萌生了帮助阿沙姑娘抵抗官兵的决心。于是他说："阿沙姑娘，可否带我看看你的宝物？"阿沙说："您是长者，但看无妨。"于是阿沙带着白龙王子来到一个非常隐蔽的山洞里。白龙王子看了阿沙递给他的天书后说："天书上的口诀暗含诸多谜语，你只知顺从字面诵读口诀极为不妥，容易误入歧途，功亏一篑，茶豆不会自然成为人形。"白龙王子悄悄开启天眼，立即知道了天书谜底。

白龙王子把天书谜底教阿沙悉数熟记之后，眼看时辰不早，他还要速回龙宫向父王复命，便说"阿沙姑娘，官兵们知道你练成茶豆战兵之术后，定会对你残酷追杀，对抗如此众多凶蛮的官兵，你仅拥有茶豆战兵还不够，还必须拥有一匹日行千里夜行八百的良驹，方可纵横驰骋指挥作战，距此30里处有一龙姓养马人家，他家喂养的马群中有一匹白色骏马，号称白龙马，此马生性刚烈，至今无人能够驯服。该户人家知是神马，已放出口风，有能够驯服神马者可获此马。至今已不知摔倒了多少闻名而来的英雄好汉，你若炼成茶豆战兵，可前往一试。"说罢，告辞而去。

阿沙获得天书谜底后，当即按照谜底与口诀依天书规定时限苦练七七四十九日，茶豆战兵终于形成。

白龙王子回到龙宫向父王复命后，算好阿沙练成茶豆战兵的时日，悄悄降落在龙姓人家马群里，隐身附形于其中一匹白色骏马时，阿沙已来到龙姓人家。待阿沙说明来意后，龙姓人家便把马群里一匹健壮白马牵出交予她。平常只要陌生人接近此马，必定扬鬃奋蹄，暴怒嘶鸣，声震山谷，让人不敢接近。阿沙走近它身旁时，竟然目现慈光，低头依偎。当阿沙骑上它时，更是温柔地碎步小跑，慢慢与阿沙磨合。待阿沙完全适应后，才四蹄腾空，身现金光，飞奔而入云霄，令龙姓人家暗暗称奇。

由于白龙马的神力，勇猛的阿沙如虎添翼，指挥着她的茶豆战兵战将们，杀土匪，灭恶霸，抗官兵，每次都把前来围剿的官兵们杀得溃不成军，保得一方百姓平安。

后来官兵们侦察到阿沙每次停战增兵时，撒豆成兵的时间需要三天三夜才能成功，于是抢在停战三日前凌晨偷袭阿沙军营。此时，阿沙增派的茶豆兵将尚未成形，茶籽化成的人形还在像蜂蛹一样，站在地上不能行动，黄豆化成的眼睛也还不能转动，官兵们用开水浇在这些未成形的茶豆战兵身上，使这些茶豆战兵一一化成蒸汽，飘上天空。在与官兵的偷袭作战中，虽然阿沙没有了茶豆战兵增援，但凭着她的机智和勇敢，还是以仅存的战斗力击败了敌人。在最后的战斗中，阿沙身负重伤，鲜血不断流淌，染红了她身上的战袍和白龙马全身。

此时，饥饿不堪的白龙马驮着身负重伤的阿沙勉强飞升入云，阿沙摸摸衣袋，还有几颗茶籽，她把最后这几颗茶籽抛向地面。看着飘向地面的茶籽，阿沙美丽的长发一圈圈、一匝匝缠绕在白龙马的身上、鬃翅上。这时的白龙马，因为连日作战和飞奔，再加上多日未饮到东海深泉，饥渴难忍，能量耗尽，身体渐渐疲乏，越来越飞得慢了，最终体力不支与阿沙一道跌落到地面。

跌落到地面的白龙马卧而不起，化为一座山脉，人们把这一座山脉叫作白龙山。阿沙身亡后，她的头发变成了白龙山上一棵棵挺拔的松树和一丛丛婀娜的翠竹，她的鲜血化成了遍布白龙山的杜鹃花，在天书飘落的地方，化成一池池纸浆，继而生成一张张草纸，人们也因此学会了生产草纸的工艺，之后这里被称为纸厂。而那些茶籽飘落的地方，长出了一片片古茶树，如今，那些茶籽繁衍下来的茶叶子孙们，已经变成了一个大家族，很茂盛地生长在七舍白龙山上。

从此，七舍及白龙山一带再无恶霸横行和官兵欺压，老百姓因此得以安居乐业。谁知这时七舍一带却又遭遇百年不遇的大旱，山上草木枯死，山下庄稼颗粒无收，就在老百姓呼天不应喊地无声之时，一日凌晨，人们听到白龙山腰上突然发出"哈嗞"一声嘶鸣，接着一道金光从白龙山腰射出，一条白龙显形在空中盘旋、升腾，顿时天空中雷声响起，雨云密布。不多时，天空中降下大雨，大雨接连下了三天三夜，那条白龙也在天空中盘旋了三天三夜，直到地上沟满池溢、田土滋润后，白龙才隐身消失。

据说，当那三天三夜的大雨过后，人们来到白龙山腰上寻找那一道金光闪现之处，却什么也没看到，只发现在一片坚硬的岩石上凭空生出一个人们平常未曾见过的岩洞。人们这才想到，原来这是白龙王子在看到百姓遭受大旱之苦后，于心不忍，所以奋身从那岩石里腾空显形，呼唤风雨，救济百姓。于是，当地老百姓便把那个岩洞称为白龙洞。

从此之后，每到天气出现阴晴变化时，白龙王子都会在凌晨时从白龙里腾空现身，警惕着灾难的到来，保佑着当地生灵。后来，为了感恩白龙王子的善举，当地老百姓便在白龙洞之上不远处树林里修建白龙寺一座，让子孙后代香火供奉，感恩白龙王子保佑百姓世代平安。

直到今天，当地百姓们谁家有个三灾两难时，都要到白龙洞和白龙寺遗址旁烧香祈祷。据说，凡是去烧香祈福的人，都会得到白龙王子的保佑，非常灵验。

三、猪场坪乡名泉溯源——大、小滩传奇

猪场坪乡优质山泉分布较多，其中以位于猪场坪乡丫口寨村向阳组的大、小滩最为出名。泉水周围四时风光各不相同，晴天犹如一块翡翠，雨后常有彩虹悬挂，起雾时又如人间仙境，起风时碧波荡漾。

大、小滩是怎样来的呢？当地民间流传着一个感人的故事：相传丫口寨村向阳组方圆10里内并无水源点，村民取水都得走上很远的距离到七舍大坪子龙滩取水，往返十分不便。大坪子龙滩水源点有一大一小两个出水口，每到干旱时，大出水口的水就会源源不断地涌进小出水口，就像母亲哺育孩子一样。

有一年突然大旱，庄稼眼见就要颗粒无收，向阳组村民翻山越岭请来风水大师求雨。大师到向阳组后四处走访，查看旱情，一日大师来到大坪子龙滩水源点，见滩中水雾缭绕，惊呼其为神滩，又见滩中隐约有两眼出水口，于是心生一念，若能引其中一眼引至向阳组，旱灾必定能除。大师当即摆坛作法，祷告上天，不一会儿风雨大作，滩边出现一对母子，只见母亲牵着儿子到大师面前对大师说："我和犬子乃是这滩中守护神，愿遣犬子随大师去解决旱灾，也算犬子行善积德。犬子尚且年幼，望大师善待吾子，旱灾除后望大师送犬子回家与我相聚。"说完后，母亲又再三嘱咐儿子，才与儿子依依惜别。

小孩随大师来到丫口寨村向阳组后，被安排在当地颇有名望的吕姓人家入住，第二天一早，吕姓人家惊奇地发现院内出现了一眼泉水。吕姓人家高兴的请来大师和村民，人们在看到这一眼泉水之后，禁不住高呼"感谢上苍"。

这一年，旱灾既除，人们喜获丰收，秋收过后，村民一齐来到吕姓人家祭拜泉眼。当天夜里，吕姓一家均梦到一个小孩说想念自己的妈妈，请求他们派人去找到大师，请大师送他回到妈妈身边。吕姓人家第二天赶紧召集村民，派人去请大师。然而，派去的人很快就带回消息来说，大师已于前几日云游仙去，大师仙去时给向阳组村民留下一句话，叫他们务必在旱灾除去后将泉眼送回。

向阳组村民感恩大师引来泉眼除去旱灾，就四处想办法希望能将泉眼移回大坪子组，好让母子团聚。可是眼见时间一天天过去了，村民们还是只能焦急无奈地四处奔波。一日，一位书生路过向阳组，听闻了这个故事，书生心想若各取一瓢泉水置于同一容器中，岂不是能让俩泉相聚。于是书生就将自己的想法告诉了村民，村民也觉得有理，就派两人奔赴两泉眼取水，并约定在中途相遇。两人取水后，便赶忙向对方走来，眼见两人就快相遇了，突然天空中一声惊雷，把两人吓得一个趔趄，水洒在地上，霎时间在水洒落的地方出现一大一小两个泉眼，泉水不断涌出，不一会儿就交汇在一起，就形成了今天的大、小滩。

后来，丫口寨村鱼塘组的吕金鼎考中秀才，协同刘统之、赵学坤兴办教育，并引进茶树，兴建茶园，是兴义地区有记载以来最早的茶园。吕秀才又兴修水利，引龙滩水灌溉茶园，泡制新茶，泡出的茶色香味俱佳，远近闻名，吸引八方茶客慕名而来。

四、刘显世与白龙山绿茶

在兴义下五屯刘氏庄园博物馆里参观时（图11-5），看到了不少老茶具。像刘氏这样的显赫家族，在那个时代，家里每天高朋满座，宾主相互品茶论政，纵谈时事，那是很自然的事，家里藏着全国各地数不清的名茶珍品。但是，有一件与兴义白龙山绿茶有关的事，却很传奇，这件事就发生在刘显世（注：刘显世，贵州兴义人，字如周，亦作如舟，别号经硕，1870年生于贵州兴义，为刘官礼之子，刘显潜

图11-5 始建于清咸同年间的下五屯刘氏庄园（又名永康堡）陈列馆家庙入口（周仕敏摄）

之兄，历任贵州省省长、川滇黔三省护国联军副总司令，1927年11月7日病逝于昆明）任贵州督军兼省长主政贵州期间。

满清末年，西方列强用坚船利炮征服清政府，明显是为了经贸，掠夺中国的财富。但他们万万没有想到，来到中国后，他们却被中国的茶叶征服了。中国博大精深的茶文化，一树一叶都充满了魔幻与魅力，让他们疯狂地一船一船地运往西方，让那时的中国茶叶出口年年上扬。这样的结果当然不是西方列强想要的，于是鸦片这种害人的东西，便走在了当时国际贸易战争的最前沿。鸦片让西方列强特别是英国从中国人身上赚了个盆满钵满，但却给中国人民带来了深重的灾难，也因此引来了1848年的鸦片战争。从此之后，中国人民反对鸦片和反抗列强的斗争不断，最终在清光绪三十三年（1907年），英国人在各方压力下，不得不与清政府签订条约，规定禁运烟土入华，同时也要求中国自行禁止民众种植鸦片盈利。条约规定以10年为期递减禁绝，期满由中英两国派员联合调查，如发现中国境内还有人种植鸦片，清政府必须赔偿英国在禁运鸦片期间的一切贸易损失。

从1907—1917年，10年期限转瞬即逝，恰逢北洋政府时期，也正好是兴义刘显世任贵州省督军兼省长主政贵州期间。这是国际条约，北洋政府必须遵守如实履行。在中国，云贵两省具有最适宜鸦片生长的地理环境及气候，人人都知道那是全中国的鸦片主要生产区，在当时已经不是什么秘密。为此北洋政府特令云贵两省妥拟办法，厉行禁烟，加紧检查清铲，若有顽固者可以就地正法，以应对英国派员会勘。当年春天，英国政府派驻中国汉口领事窦尔滋到云贵两省任鸦片会勘专史。

接到北洋政府的通知后，刘显世特调精通英语的三名知县为专员：炉山县（今属凯

里）知事刘仲堪，平舟县（今平塘）知事陈昭令，调潭县（今湄潭）知事陈时济，以应付北京。一边火速派人把各条大道及主要小路两旁田地及狭窄地区的烟苗全部铲除，一边暗中想办法，如何让此事不了了之。因为刘显世很清楚，巨额的烟税收入，是他能够维持其统治的主要经济支柱，如果真正禁了烟，那可如何了得？同时，刘显世马不停蹄四处寻觅调取各县特产珍品，搜罗民间古玩，其中镇宁县知事还把民间收藏的鸳鸯"诸葛铜鼓"一对送到省城，以备到时献给英国专使。有人打听到窦尔滋到中国多年，是个地地道道的中国通，特别喜欢中国的茶文化。于是刘显世又急忙派人搜集全国各地的名茶，最后甚至连家乡散装白龙山明前绿茶，临时用牛皮纸袋封装后送上。

窦尔滋是何等聪明人，加上他在中国多年，对当时中国官场的陋习了然于胸，刘显世掩耳盗铃的手法哪里瞒得过他的眼睛，只不过是看到刘显世奉上的礼物实在是很丰厚，让他开不了口。会勘结束后，窦尔滋说："过去这些地方烟锅陈列，烟雾迷人，今天到来，不再嗅到烟气了，真是一派新气象，贵州禁烟很不错，我还得赶往云南去，看看那边的禁烟情况如何。"窦尔滋会勘完云贵两省的禁烟事宜后，又回到了他的原岗位——驻中国汉口领事，"圆满"完成了他的光荣任务。不久，刘显世收到窦尔滋的来信，他非常喜爱兴义的白龙山绿茶，盛赞那真是茶中仙品，回甘无比。刘显世看了信后笑了笑，此后便每年都寄去不少上等白龙山明前绿茶给窦尔滋，直到他辞去贵州省主席一职方罢。

1925年，刘显世因军阀派系之争辞去贵州省主席隐退，回兴义不久便到昆明定居。此时的刘显世已经处于半老年痴呆症状，时有口涎挂于嘴角，唯有喝了他最喜爱的白龙山绿茶才能止住。1927年11月7日，刘显世突然病重，他的私人医生诊视后说，嘱咐家人准备后事。当天傍晚刘显世最后一次醒来，在喝了一口白龙山绿茶后，安详地逝世于昆明翠湖边玉龙堆八号公寓，年59岁。次年，其子刘刚吾移灵柩于兴义下五屯鸡场之回龙寺。从此，兴义七舍白龙山绿茶也成了刘氏家族的传家茶饮。

第十二章 兴义茶科教与行业组织

第一节　兴义茶学科研教育

兴义是茶的故乡之一，发现和利用茶的历史源远流长。兴义茶文化糅合了中国佛、儒、道诸派思想，是中国茶文化中的有机组成部分。

让各年龄阶段的学生学习了解茶文化知识，传承发展传统茶文化，是落实立德树人、全面实施素质教育的重要举措，也是助力精准脱贫、推动全市经济社会协调发展的重要举措，更是培养高尚的道德情操，传承中华传统优秀文化的重要举措。兴义市部分学校（幼儿园）结合地域实际，将中国茶文化传承融入课堂，开设有茶叶专业，将茶文化教学、茶艺培训和表演活动。将知识、技能、情趣融入课堂，陶冶学生情操，提高学生素养。坐落在兴义市的黔西南民族职业技术学院、兴义市中等职业学校、兴义市七舍镇中学、兴义市乐知幼儿园就是将茶文化融入课堂的典范。骨干教师和"双师"型师资队伍培养，创新人才培养模式与课程体系，完善校企合作机制和实践教学条件，为兴义市茶产业的发展壮大做出了突出的贡献。

一、黔西南民族职业技术学院

黔西南民族职业技术学院生物工程系，前身为黔西南农业学校，1973年建于贵州省兴义市丰都街道（小地名筲箕凼）（图12-1）。1982年窦淑明、王典林、洪英华等老师积极倡议设立茶学专业，得到了当时的农校上级主管部门贵州省农业厅的批准。当时叫果茶专业，后正式定名为园艺专业。黔西南农业学校随即组建了第一支茶学专业教师队伍，由窦淑明、王典林、洪英华、程兴智（现已故）等老师作为园艺专业茶学课的首届任课

图12-1 黔西南民族职业技术学院（原黔西南州农业技术学校，职院供图）

教师。专门开设了"茶叶栽培技术""茶叶加工""茶叶病虫害防治技术"等专业课，面向全州、全省招生。1985年培养出第一批茶学专业毕业生40名，分布在兴义市及周边七个县（市）农业系统工作。从此，黔西南农业学校园艺茶学专业成为常年开设的骨干专业，在兴义大地上正式扎根，为兴义市、黔西南州乃至全省的茶产业发展打下了坚实的基础。1985—2004年，贵州省知名的茶学专家李松克、赵同贵、吴彤林、杨卫琴、杨云彩、彭延英、江厚成、赵贤龙等相继加入教师团队，以拓宽茶学专业的广度和深度、培养出能在茶叶行业各领域独当一面的技术型人才为目标，以培养高素质茶学人才为己任，不断推动黔西南农业学校茶学教育与科学技术研究的进步。

2004年，黔西南农业学校与卫生学校、财贸学校、水利电力学校、农业机械化学校组建成立黔西南民族职业技术学院，下设七个系，其中园艺茶学专业成为农业工程系（现名为生物工程系）的骨干专业。其引入了其他高校先进的办学理念，搭建现代化教学科研平台，引进莫熙礼、彭琴、黄蔚等高层次人才，组建了高水平、专业化的教学、科研队伍，培养出许多能适应现代化山地高效农业发展需求的专业技能型人才。2016年，学院瞄准黔西南州茶产业各领域专业人才需求，创建高职"茶树栽培与茶叶加工"专业，同时引进了王慧颖、朱钰、韦红边、张伟丽等高层次人才，形成由省级优秀教学团队、全国农业职业教育教学名师、国内访问学者、省级"职教名师"、省级优秀农业专家组成的强大的教学、科研团队，开发了多门省级精品课程，申报立项省州科技计划项目10余项，建成茶叶加工、茶叶评审、茶艺表演等7个专业实验实训室和1个校内茶叶栽培实训基地，与校外10多家茶叶基地、茶艺茶道及茶文化推广企业建立战略合作关系，更系统化、专业化、科学化地培养全能的高端人才；科研、人才培养成效凸显，其中在学术期刊发表论文50余篇（全国中文核心期刊11篇），在学院大学科技园创立"听雨茶阁"创业平台，多名教师和学生因表现优异荣获国家级奖励5项、省级奖励16项、州级奖励25项，毕业生的综合素质和职业技术能力在贵州区域同类专业中均处于较高水平（图12-2、图12-3）。

图12-2 黔西南职院学生在做茶艺表演（职院供图）

图12-3 黔西南职院学生茶叶实操培训（职院供图）

近40年来，生物工程系始终坚持初心和使命，不遗余力、尽心尽责地为兴义市及周边茶产业发展培养了3000多名精英，既有牵头推动兴义市茶文化发展的兴义市农业农村局中茶站站长冯杰，也有为茶产业发展奉献了35年青春的老站长、高级农艺师黄凌昌，既有对扁茶制作颇有研究的兴义市区划办主任吕天洪，也有为茶产业发展与兴义茶全书默默贡献力量的高级农艺师郎元兴和梁文华，既有执着于开发黔西南州10万亩优质茶商品基地的前州农委经济作物管理站站长钱保霖高级农艺师，也有志在建设茶旅一体化基地和创建"万峰叠翠"品牌的戴明仲经理等，也正因为这3000多名学生昨日的不懈努力和默默奉献，造就了今日兴义市乃至黔西南州茶产业的全方位稳定及高速发展局面。

二、兴义市中等职业学校

简称兴义职校，办学历史起源于1986年（原兴义第二中学），2014年更现名。学校坚持以市场为导向，以服务社会为宗旨，以培养社会急需人才为目标，是黔西南办学规模最大、办学功能最全、专业设置最多的职业教育学校。随着全州经济的发展，中国传统文化的复兴，茶产业和茶文化也在黔西南州有了迅猛的发展，茶文化迅速推广，大量的茶企业纷纷成立，茶产业中的茶艺、茶文化传承从业人员也有了较大的缺口。兴义市中等职业学校于2010年起便在旅游专业中开设了"茶艺"这门课程，课程开设之初主要是面对酒店服务中的茶水服务，随着茶文化的深入发展，该门课程将简单的茶叶冲泡技能拓展为茶文化的发展、茶的鉴赏、茶的冲泡、茶艺表演、茶的销售等多个项目，让学生通过该门课程的学习，能够更深入、专业的了解茶文化，以便今后走出校门能够更快地融入茶行业。

在教学的过程中，职校茶艺课教师先后参加各种茶艺培训，考取了茶艺师证、评茶师证，同时还聘请兴义市马鞍山茶艺馆的周鸣蓉总经理为学生授专业课。经过多方的努力和长时间的经验积累，学校的茶艺教学取得了一定的成果。近年来，学校参加黔西南州茶艺技能比赛多次获奖，茶艺队同学参加的各类茶艺表演深受好评，也有越来越多的学生把从事茶文化作为自己事业的方向去努力。

兴义职校依托多年的教学经验，不断探索新的教学方法，开拓新的教学领域，茶艺课程立足于本土经济发展，培养了本地茶艺人才，为地方经济发展做出了积极贡献。

三、七舍镇中学

七舍中学位于贵州省兴义市西南部的七舍镇，该镇是兴义市的产茶大镇。目前，七舍镇茶园面积2.62万亩，"七舍茶"已经成为国家地理标志保护产品，是兴义市茶产业的标杆，也是七舍经济发展的重要支柱。上到七八十岁的老人，下到三五岁的小孩，对茶均有一定的了解。在此环境下，为培养学生的业余爱好，发扬茶文化，从2018年开始，七舍镇中学就以社团的形式设立茶文化授课课程。

学校初设课程为中国茶历史和花茶的分类及功效。发展到如今涵盖中国茶历史、七舍茶历史、茶艺文化、茶艺表演、茶具的种类及用途、茶树的种植、红茶及绿茶的加工等课程。负责茶艺课教学的冉如仙老师，曾自费到西南茶学院接受专业培训，后又到当地多家茶室取经学习，在她的带动和影响下，许多教师渐渐从业余变成专业，许多学生也渐渐爱上了茶。

为让师生更好地了解茶知识、掌握一定的茶艺技术，学校还开辟了茶叶种植基地，并出资聘请本地茶叶加工厂的师傅传授茶树种植及茶叶加工知识。目前，学校已有6亩茶叶种植基地，还计划近期引进一批七舍古茶树，适当增加种植规模。未来还将增设茶园维护、采茶工艺、茶叶加工、饮茶文化等课程，全力将七舍镇中学打造成一所书声琅琅、茶香满园的乡镇特色中学（图12-4）。

图12-4 七舍镇中学正在开展"茶香溢满园"
活动（陈大友摄）

四、西南茶院

西南茶院，前身天合茶书院，自2011年成立以来一直致力于茶文化传播，于2018年5月正式更名为西南茶院。西南茶院位于兴义市，是黔西南州首家茶文化培训机构（图12-5）。

图12-5 位于桔山街道的西南茶院正门

西南茶院致力于传承和发展中国的茶文化，以专业、专注、匠心的精神，打造高端品质的茶文化培训教育品牌，让中国茶文化走向世界舞台。西南茶院茶文化植根于中国优秀传统文化，在进行茶文化传承的同时融入现实的思考，让更多人体味到中国的茶文化魅力。目前，西南茶院茶文化培训水平领先于当地的行业水平，是行业学习标杆；旨在以茶为媒介，通过对茶文化的深度解读，探寻人们心灵深处的渴求，诠释丰富的人生意义；通过对茶文化的深度体验，缓解压力和焦虑，使自己的心境得到清静，从而使获得精神上的满足。

西南茶院有雅致的学习环境、资深的讲师团队、专业的教学理念，秉承专业、高效、极致的做人做事宗旨，采用现代化多媒体教学，理论与实操相结合的教学方式，全面提高学生的综合素质和职业能力。设有亲子班、少儿茶艺班、成人兴趣班、茶艺师评茶员考级班、商务礼仪茶文化班等。

西南茶院承办了中国国家初、中、高级茶艺师与评茶师的培训及考核工作，经由黔西南州人社局考核鉴定后，为合格者颁发国家人力资源和社会劳动保障部职业技术等级证书。从2011年以来，面向全国培养和输出了优秀茶艺师、评茶员近三百位，加强了黔西南州职业技术学院和兴义市职中的茶学专业教师师资力量，为黔西南州的茶文化事业增砖添瓦贡献自己的一份力量。

五、贵州汉唐职业技术培训学校

贵州汉唐职业技术培训学校，成立于2019年，坐落在兴义市木贾物流城E区二栋，校舍面积近2000m²，投入硬件设施近100万元；现有教师10人，其中硕士2人，本科7人，专科1人。

贵州汉唐职业技术培训学校面向全国招生，以继承和弘扬中华民族文化为己任，宣传茶文化，普及茶知识；学校设有茶艺师、评茶员和茶叶加工等专业，通过培训学习，经相关部门考试鉴定合格后颁发职业技能等级证书（图12-6）。

迄今为止，学校面向全国培养和输出了优秀茶艺师、评茶员近500名，培养的学员遍布全国大江南北。贵州汉唐的更大

图12-6 王存良（站）在给学生上茶艺课
（王存良供图）

效能是对一个城市、一个地区的技能人才培养和经济增长做出贡献。作为职业学校，为企业输送高素质专业技能人才是其教学宗旨，为了不断提升学校对企业生产技术的服务能力，一直以来，贵州汉唐人坚持紧贴实际，持续深化校企融合。未来，贵州汉唐将会致力培育出更多的优秀技能型人才。

六、兴义市乐知幼儿园

兴义市乐知幼儿园是2017年由教育行政部门审批成立开办的一所私立幼儿园，设立有乐知班、博学班、致远班、明德班、知新班、厚德班六个国学特色班级，开设有国学经典诵读、茶艺、插花、武术、手工织布、陶程、刺绣、书法、创意古诗词、围棋、民族风情等课程，其中茶艺是该园的特色课程之一（图12-7）。

图12-7 兴义市乐知幼儿园小朋友在学习茶艺
（乐知幼儿园供图）

为让幼儿真正了解中国茶文化、学习传统茶艺，该园教师先后到茶木道学习初级茶艺、安顺市爱心妈妈幼儿园学习经典茶艺、山东曲阜华夫子国学幼儿园学习中级茶艺、龙广镇学习高级茶艺，并邀请山东曲阜华夫子国学幼儿园教师到本园开展茶艺知识和技能培训。

幼儿茶艺教学，既解决了教师专业局限对教学效果的影响，同时有利于更多教师参与到课程的研究与实践中来。该园2018年将少儿茶艺知识做成墙体展板在茶艺室展示，在幼儿园专设的茶艺室，集学习知识、动手实践和涵养情趣于一体，为学生参观学习、实践体验、展示交流提供了场所。

第二节　茶行业组织

一、兴义市茶产业协会

兴义市茶产业协会，成立于2019年12月。会员单位有茶产业相关企业、合作社、种茶大户、个体工商户及茶馆茶楼业主等。第一届协会团体会员62家，个人会员6人。协会会长罗春阳，监事李刚灿、潘扬勋；副会长杨德军、付万刚、何文华，秘书长王可；副秘书长李万森、严莉。协会领导班子成员主要来自黔西南州嘉宏茶业有限责任公司、黔西南州华曦生态牧业有限公司、贵州万峰红茶业有限公司、兴义市绿茗茶业有限责任公司、贵州七户人家农业有限公司、兴义市大坡茶叶农民专业合作社等企业和合作社。

会员单位中，省级龙头企业6家，州级龙头企业8家。会员单位的茶产品多次获得国家级和省级茶叶评比奖项，在各类手工制茶比赛中斩获佳绩。协会立足于兴义市本地茶产业发展，宣传本地茶叶品牌"普安红""万峰绿""七舍茶"，会员企业优秀品牌有"松风竹韵""碧霞云飞""羽韵绿茗""七户人家""云盘山"等，其中"云盘山"属贵州省著名商标。

协会成立后，致力于推动兴义市茶叶产业兴旺发展，服务全体会员，带动茶叶从业者发展致富。在2019年春季茶叶生产期间，组织人员到有基地或生产厂区的会员企业进行指导交流，助推本地茶叶生产加工技艺提升。同时协会组织会员到各地参观学习，到各茶叶博览会参展，为推介兴义茶叶策划了各类活动。2019年12月组织协会成员参与黔西南州青年企业家论坛暨中小微企业交流会。

二、兴义市七舍茶叶协会

兴义市七舍镇茶业产业协会2016年10月成立。理事长付万刚，成员由七舍镇相关茶企业、合作社法定代表人及各村村干部组成。协会成员为七舍镇种茶农户及在七舍镇建设茶叶基地、加工厂企业、公司、合作社等。协会成立后，对促进七舍镇乃至兴义市茶产业的发展起到重要作用。

第三节　兴义科技促进茶产业发展实例

一、绿色防控促进兴义茶产业高质量发展

茶叶质量安全是茶产业持续健康发展的核心，近年来，兴义市围绕"科学植保、公共植保、绿色植保"理念，加大茶叶病虫防治方面的科技投入，全力推进茶叶病虫绿色防控的示范推广，以农业防治为基础，大力推广物理防治、生物防治等绿色防控技术，以点带面，示范推进，逐步提高茶园绿色防控覆盖率，有效保障茶叶质量安全，促进茶叶品牌建设及茶产业绿色可持续发展。

贵州天沁商贸有限公司种植茶叶3000亩，主要是安吉白茶、黄金芽、梅占等品种，自建基地以来，公司充分利用市级绿色防控项目资金，通过理化诱控、生物防治、农业防治、生态调控等方式，多措并举创建生态茶园。理化诱控方面，安装太阳能杀虫灯30台，粘虫板10万张（图12-8）。科学用药方面，茶园内从未使用草甘膦等除草剂，引进先进的茶园除草机器5台，病虫害防治优选生物农药进行防治。农业防治方面，公司结合茶园管理进行清除杂草、枯枝、落叶，翻耕，施基肥，修剪等方法，

图12-8　兴义有机茶园基地粘虫板（徐元柳摄）

减少病虫发生基数。生态调控方面，在茶园四周及行间种植冬樱花、春樱花、桂花等常绿乔木，创建散射光等方式改善茶园生长环境，以期提升茶叶品质。通过茶叶病虫绿色防控的示范推广，目前该茶园基地基本实现绿色防控全覆盖，2019年该公司获得绿茶、红茶有机产品认证，并成为全市唯一一家获得有机认证的茶企业。

二、科研助推兴义古树茶产业发展

为深入研究和利用兴义市古茶树，2019年6月，兴义市农业农村局申报了"兴义古茶树不同区域居群绿茶内含物测定及开发应用课题"，该课题被黔西南州科技局立项，下达课题经费4万元。截至目前，课题完成了4个不同地点的古茶树居群茶青样品采集及绿茶加工样品5个，品种包括乔木型和灌木型2种；4个不同地点的古茶树居群古茶树品种枝条采集及扦插育苗，育苗面积46m^2，扦插苗木23000株；5个绿茶产品内含物检测；开展不同海拔地点古茶树品种扦插育苗试验。通过相关研究，为古茶树推广提供理论依据。

该课题主要抽取兴义市七舍镇境内的革上村纸厂组、敬南镇高山村烂木菁组、坪东街道办洒金村、猪场坪乡丫口寨村鱼塘组4个兴义市古茶树居群绿茶产品进行内含物定量定性测定。通过内含物项目与品质关系的研究，兴义古树茶富含有益健康的镁、锌、锰等微量元素，高于国内其他地方的古树茶，具有很好的推广价值，为打造"兴义古树茶品牌"铺垫了基础。

该课题对4个不同地点的古茶树居群品种绿茶内含物含量进行对比，提炼出兴义古茶树绿茶内含物共性特性，确定兴义古茶树居群绿茶内含物的特性标准1个。通过兴义古茶树绿茶内含物有益成分比较，结合古茶树其他品质特性比较，优选具有开发价值的古茶树品种进行繁育。

课题的绿茶加工委托兴义市鑫缘茶业农民专业合作社，共计加工古茶树绿茶样品5个、品质优良的绿茶干品3.75kg。

兴义古茶树育苗在七舍镇鲁坎村水淹凼组七舍茶原产地育苗基地，育苗床22m^2，扦插约10000株苗；在兴泰街道水井大队苗木基地育苗床24m^2，扦插约10000株苗。通过试验逐步摸索出一套适合于兴义特点的古茶树育苗技术。

随着课题组对兴义古茶树育苗技术的研究并取得进展，极大地促进了七舍镇古树茶产业的发展。2019年至今，已在七舍镇利用古茶树扦插苗、初生苗推广种植了380亩，现正通过绿色防控、施用有机肥等措施做好示范管理。

课题利用现有贵州省古茶树种植标准，推广茶树种植标准化工作，并不断修正，逐步提炼出兴义古茶树种植标准，继而在全市范围内推广实施。

第十三章　兴义茶旅

第一节 兴义茶区主要旅游景区

兴义市作为贵州省黔西南布依族苗族自治州的首府，滇、黔、桂三省（区）结合部，自然风光秀美，历史文化底蕴深厚。旅游风景区有万峰林、万峰湖、马岭河峡谷、云湖山等国家级、省级自然风景区，有泥凼何应钦故居、下五屯刘氏庄园、乌沙革里窦氏民居、永康桥、国家地质公园博物馆、茶马古道等历史人文景观。历史上有"一部贵州民国史，半部兴义人"的说法。兴义的茶山、茶园大多坐落在高山深谷之中，可谓一山一景，一园一景，一叶一景，错落有致，各显千秋。

兴义茶区形成的以茶旅一体化为主的旅游风景区有七舍白龙山山脉茶旅风景区、乌沙革里茶旅风景区、鲁布格云湖山云海老茶园茶旅风景区、洒金街道茶旅风景区及七舍、敬南、洒金古茶树生长的旅游风景区等。

一、七舍白龙山观光茶园

白龙山脉，主峰位于兴义市七捧高原的七舍镇，年平均气温13.2℃，最高气温28℃，昼夜温差5~10℃，是远近闻名的避暑胜地，平均海拔约2000m，最高峰2207.7m，是黔西南州最高山峰，与兴义市区相差1100m左右，素有"万峰之巅，黔茶之源"的美誉。山上常年多雾，冬天积雪覆盖，这里生长的茶叶被茶饮人士称誉为"茶中雪莲"。

兴义市七舍白龙山茶旅一体化建设始于2007年，由黔西南州华曦生态牧业有限公司投资初建（图13-1）。现已有黔西南州嘉宏茶业有限责任公司、贵州万峰红茶业有限公司、黔西南州夜郎夫茶石文化发展有限公司等公司进驻白龙山共同打造茶旅文化产业。白龙山已逐步形成集茶旅、休闲、避暑、康养、户外运动为一体的旅游景区。现已开发成型的项目景点具体如下。

图13-1 白龙山休闲之旅（华曦公司供图）

（一）避暑胜地品"茶中雪莲"

白龙山脉，地处东经104°40′北纬24°57′，主峰最高海拔2207.7m，平均海拔约2000m。为黔西南州最高山峰，山上常年多雾，冬天积雪覆盖，年平均气温13.2℃，最高气温28℃，昼夜温差5~10℃，是远近闻名的避暑胜地。这里生长的原生态茶叶色、香、味俱佳，被茶饮人士称誉为"茶中雪莲"。每年春夏季，山上广搭凉棚，游客赏花赏景，品"茶中雪莲"，解暑解渴，为白龙山一大景观。

（二）茶科之旅

寓茶叶科学种植于观赏体验之中，白龙山茶园种植完全依照自然生态平衡的规律规划种植，在茶园中保留宽大的间隔地坎，给原生植物一定的生存空间，给原土著昆虫（如食茶虫等）和鸟类保留觅食家园，让它们在自然食物链中相生相克，自然生存。白龙山观光园内的茶园，对茶园的日常护理采取人工除草、施用农家肥或有机肥、油枯、适时进行修剪等方式。游客通过观光旅游，可了解茶园的科学种植、养护、加工贮藏保管等科学方法。

（三）纵览茶文化

据《贵州史料》记载，兴义白龙山茶文化历史悠久，人工种茶始于宋元时期。山下纸厂村现存一片古茶树林，约260余株，其中"茶王"的树龄达千年以上，形如巨伞、枝繁叶茂，有茶中活化石之称，是贵州省境内至今发现树龄最古老的古茶树群之一。世界上唯一一颗茶籽化石为四球，产于临县晴隆，而今白龙山下古茶树所结茶籽多为四球少量五球。游览白龙山茶园，领略世界之茶，源于华夏，华夏之茶，源于云贵，云贵之茶，源于黔西南。

（四）登高山入花海

白龙山山高、林密、花多。原始次生林覆盖率68%，植被保护完好，茶园四周1000亩野生杜鹃花环抱，园内留有600亩野生白草莓，既维护植物生态平衡，又可供游客采摘品尝。此外，茶园内遍植日本樱花和云南樱花20000余株、红叶石楠30000余株及部分海棠花。茶园内各色花卉依时绽放，每年2—3月赏海棠花，3—4月看樱花，4—5月观杜鹃花（映山红），在花开季节游白龙山，可以享受攀高峰入花海的独特体验。2014年10月，中华人民共和国农业部授予贵州兴义（七舍白龙山）杜鹃花景观为"中国美丽田园"风光。

（五）天路之旅

白龙山主峰海拔2207.7m，被誉为"万峰之巅"，上山之路高而险，犹如天路。从2015年开始，黔西南州华曦牧业有限公司在白龙山上修建了23.5km茶园观光公路、6.3km

人行观光道及连接各景点石梯和栈道等，开通了"天路之旅"观光线路。这些远看如天路的观光道，既是一个独特的景观，又缓解了旅游旺季车辆拥挤的问题。该线路开通后，常年吸引着无数的徒步爱好者及驴友到此探险骑行。2016年7月23日，举办第一届"黔西南州骑行者耐力挑战活动"把白龙山作为该活动的终点站；2016年11月13日，举办首届"兴义·白龙山国际山地越野跑公开赛"，白龙山成为最后登顶冲刺点（图13-2）。

白龙山拥有"一览及万峰，登临观三省"的奇观。站在高高的白龙山顶上，西看云南，南望广西，四周奇景荟萃，可观三省风光。俯瞰群山万壑之间，一条兴于唐宋盛于明清的茶马古驿道，从云南方向翻越千山万水而来，跨过滚滚黄泥河与兴义紧紧相连，蔚为壮观。

图13-2 骑自行车挑战茶园梯步
（华曦公司供图）

二、白龙山茶园户外运动指南

白龙山脉位于兴义市西南部，横跨下五屯、七舍、白碗窑、雄武、捧乍等乡镇、呈东北到西南走向、最高海拔2207.7m，是黔西南州最高峰。登高眺望可览观万峰林、万峰湖，"万峰之巅"因而得名。

白龙山植被保持完好，原始森林覆盖率达68%，高山杜鹃千余亩，2007年黔西南州华曦生态牧业有限公司投资兴建茶园，开辟道路，游人日渐增多，如今投产茶园面积已达3200亩，年产值1000万元以上。旅游旺季每日游人达5000人以上，一时间车水马龙游人如织，有时在游人中还会遇见多年不见的朋友，仿佛置身于闹

图13-3 繁忙的白龙山茶旅公路（郎应策摄）

市"街心花园"。七舍白龙山早已成为兴义人民的后花园。早上观云海日出赏花，中午品茶品尝小吃，下午看夕阳、远眺广西云南两省，夜晚观星辰露营，白龙山可以让游客待上一整天（图13-3）。

（一）茶山骑行

人间四月芳菲尽，白龙山花始见开。南方春天来得特别早，骑自行车上白龙山，从市区出发26km，需要2.5h左右可达到白龙山。出了下五屯平桥一路登上8km长的八环地

盘山公路，途中可鸟瞰观万峰林景观的变泛。继续前行来到雷家寨，可从革上梁子非铺装道路上白龙山，也可从另一条是铺装路从革上小学上山。最后的3.5km公路陡峭，一路穿梭在茶园。骑行者爬坡时心率可能提升到170次/min以上，往往将踏频保持每分钟60~80次，通过山地自行车变速组合保持匀速前进，让心率维持在100次/min左右，采取鼻长吸嘴短呼的方法，实现有氧呼吸，燃烧脂肪，到达锻炼目的。登顶之后弃车步行，高山花海，生态茶园，蓝天白云，博览万峰，令人心旷神怡。

（二）花海摄影

白龙山野生杜鹃花海，一直是广大摄影爱好者的固定科目。凌晨4点，当大多数人还在熟睡的时候，摄友爱好者们就已经出发了。为抢到日出的第一缕阳光，每天都会有许多人扛着、背着摄影器材，选择机位，调到无损格式，认真构图，不错过每一帧美景。贵州兴义杜鹃花海被农业部命名为"中国美丽田园"称号离不开摄影老师们的辛勤成果。

10点以后太阳光线的入射角度增大，光线强度逐渐加强，摄友们开始收拾器材返回，回到家后就开始选片，后期处理，把当天图片发到摄影群或朋友圈与大家分享。而一些喜欢延时摄影的朋友则会继续待在山上，把一天的光影变化浓缩成几分钟、云雾飘动、草木摇曳、鸟虫飞舞、游人流动记录下来（图13-4）。

图13-4 摄影爱好者在白龙山采风
（郎应策供图）

（三）低空飞行

到了白龙山怎能不向往天空，用无人机，鸟瞰高山花海，生态茶园，游人如织，犹如一幅天人合一的画卷（图13-5）。更勇敢的人则操控动力伞，乘风而上。竖起风旗，背上动力装置，选好风向，起伞、加速起跑，拉控制绳，加大油门，依靠空气动力飞行，盘旋逐渐升高，向游客挥手致意，迎来一片掌声。

图13-5 动力伞爱好者在白龙山飞行
（郎应策供图）

（四）山地越野跑

从万峰林景区大门出发翻越万峰林到达下五屯高卡，爬上大偏坡，攀上陡峭的马格闹电视塔，经过革上梁子到达终点华曦生态茶园，总长45km，海拔最高点2097m，最低

1180m。整个赛道由土路、山道、野路、茶马古道、乡村公路组成，适合长距离路跑和爬升，不但能让赛友感受到越野的肆意自在，更能实现自我超越，挑战极限。古有诗人王维的佳句"舟行碧波上，人在画中游"，今有"纵横万峰林，宛如画中驰"。当海拔攀升到1600m时，赛道逐渐进入云雾中，宛如盘旋在云雾中的一条巨龙，奔跑在赛道上，神清气爽。满山的云雾使千山万壑浓淡明灭、变幻莫测，尤其在阳光的照射下更是群峰竞秀、气象万千。在千米凌空赛道上角逐，带给跑者无与伦比的刺激和体验。除了画中跑、云中跑以外，更是有穿行于古驿道的"驿道跑"，途经清澈见底的溪流。在接近专业组终点的近5km内，就是生态茶园，扑鼻的茶香拥抱赛跑者。

三、乌沙革里茶旅

（一）天沁有机茶

兴义市有十二个乡镇（街道）种植茶叶。茶园种植上规模又颇具旅游潜力的当数七舍的白龙山、洒金街道的洒金村、乌沙镇的革里村三个。如果说，七舍白龙山为探险茶旅、洒金属城郊宜旅，那乌沙镇革里的天沁茶园，便属于文化茶旅了（图13-6）。

乌沙镇地处兴义市西大门，与云南省

图13-6 天沁公司茶园基地一角（杨孝江供图）

罗平县、富源县接壤，海拔1008~1830m。村民以汉族为主，彝、苗、布依族杂居或聚居区，革里村是乌沙镇典型的彝族聚居区，距兴义城市中心约20km。

成立于2012年的贵州天沁商贸有限公司（以下称公司），建有茶园基地3000亩，分布于乌沙镇革里村、磨舍村、兴寨村、窑上村。区域内多为页岩风化的酸性土壤，土层深厚肥沃，符合有机茶的生产要求。目前种植着黔茶1号、苔先0301、安吉白茶、梅占、中茶108、乌牛早等优良茶叶品种。该公司茶园2014年荣获有机产品生产加工资质认证，2015年荣获黔西南州州级龙头企业，2016年荣获无公害农产品产地认证，2017年成为"贵州绿茶品牌发展促进会"理事单位，2019年成为贵州省最有代表性的无害化有机茶园重点示范基地，2019年获得SC生产许可证。该公司集茶叶栽培、管理、生产加工、销售一体化的现代茶企，目前主要生产黔龙山、黔龙玉芽、黔龙神韵、龙顶仙茗、黔龙洒金红五个产品。在2019年度贵州斗茶大赛中，其黔龙玉芽红茶、绿茶双双夺魁，分别荣获红茶类银奖、绿茶类优质奖，成为贵州省唯一一家荣获"双奖"的茶企。

公司从茶园日常管护、茶叶生产加工、销售、旅游等方面年带动当地3000多人次就业，为农户创收400万元以上，成为州、市、乡镇、茶商、茶农一致公认的现代乡村振兴产业的领头羊。

天沁茶园基地位于海拔1300~1600m的兴义市乌沙镇革里村、磨舍村、兴寨村、窑上村，总面积3000亩，核心区茶园位于革里村东瓜林的万亩原始次生林的丘陵地带上。

进入茶园基地线路有五条：一是从云南省罗平县沿324国道跨岔江进入贵州省兴义市乌沙镇街上，顺新寨村、磨舍村进入东瓜林茶区；二是从云南省富源县黄泥河镇跨抹角桥进入革里，经窦氏民居群进入茶区；三是从云南省富源县黄泥河镇到贵州省威舍镇，经古敢水族乡到革里村进入茶区；四是从兴义市市区到乌沙镇牛膀子村，向右穿涵洞经泥麦古乡村水泥便道到达茶区；五是从昆明经汕昆高速路，在乌沙匝道下高速，进入茶园。

天沁公司总部所在地东瓜林，为茶旅一体化核心景区。沿东瓜林旅游茶道上山，从北面向南沿厂房简易土山路往山上爬行，至东瓜林地段，往东到达枫香林地，最后到达茶场道路；往南到达国有林区的五号水池、六号水池；往西经水池到达龙寨山林、独房子自然村寨山顶，经活动板房返回总部。该线路全程2.7km，约需3个小时。

（二）冬花催茶绿

三月的新芽，迎来四月的嫩绿；三月的清香，换来四月的浓郁。四月美在清明，美在谷雨。绿柳吐烟，陌上花艳。微风过处，迷了眉梢，甜在心窝。清明时节，花儿吐艳，柳枝婀娜，山峦叠翠，处处芳菲浸染。花开如雪，蜂蝶翩翩起舞，这是盛世的美景；花香袭人，鸟儿鸣唱枝头，这是生命的赞歌。在百鸟鸣唱之中，整个茶园生机勃勃，仿佛在这样一个盛大的节日里，奏着一首首天地大美的欢乐交响曲。在茶园的行间及游道边种植有近三万株冬樱花，每当冬樱花烂漫开放的11—12月，花香、茶香交织，蜂飞蝶舞，一片花海中的绿茶风景画，游人如织，基地呈现出一幅美丽的花海茶园观光图。每年的1月底至4月，茶园的春茶、谷雨茶采摘旺季，在遍山遍野的茶山、茶林、茶坡上，鸟藏在林间树梢嘶鸣，在蓝天白云的映照下，身着彝族、布依族、苗族民族鲜艳服饰的采茶女们，伴着嘤嘤翻飞的野蜂、争奇斗艳的山花，悠扬缥缈的情歌声，在茶园里涌动、呈现，一派盛世"桃花园"的丰收景象。

四面八方的游客们扶老携幼，出没在翠绿的茶山林海中，累了，盘坐在森林的绿荫空地，眼眺云南的远山，贵州的近水，呼吸着饱含茶味馨香的山风；渴了，顺路随手采摘山野的山珍野果，扯几片娇嫩的茶芽入口咀嚼，都是上好的天然解暑祛乏佳品。时令进入5—7月，在茶园的土山、松树林中，运气好的游客，还会在茶树丛下、松针覆盖的地上，惊喜发现贵州特产鸡枞、马勃（马屁包菌子），这两种罕见的山珍，无论是爆炒、煲汤，都是一道难得的美味佳肴。

2022年，预计库容量520万m³的革里水库的将蓄水建成，到那时，该公司茶园将呈现山顶绿树耸立，山腰茶园青翠，山脚水库碧波荡漾的云雾山水库风光。随着清澈绿亮的山间湖水的滋润，水面竹木小舟摇荡，湖岸错落有致的小木房，悠闲的茶客、茶商、游人将手捧一杯绿茶或红茶，在茶山、在木屋、在木排，随心所欲地垂钓、散步、发呆、畅想，享受着神仙般的散淡安逸生活。

（三）古道伴民居

天沁茶园的茶旅活动中，其丰厚的历史文化是一大亮点，成为吸引广大旅游爱好者、茶商、茶人的魅力之一。乌沙距离兴义市区较近，驾车1h可到。早在明代时，我国著名旅行家、文学家、地理学家徐霞客先生，在其《徐霞客游记》里，就详细记录了他从云南罗平沿"茶马古道"岔江段进入贵州乌沙的艰难历程。

彝族先民原是古代羌人的一支，分批南下后同当地居民不断融合，逐步发展成今天的彝族。彝族先民大约从西汉时期开始从四川迁徙于云南，又从云南向贵州迁徙。兴义彝族大约是从云南曲靖、楚雄等地而来的。

彝族在兴义市境定居时间早，历史悠久，为兴义的土著民族。乌沙革里的彝族大多是明、清时期从云南省迁徙而来。其典型村寨就是革里，现存彝族风味浓郁的革里窦氏民居群。

位于乌沙镇革里办事处抹角村革里组的窦氏民居群，坐东北向西南，距市区26km（图13-7）。清朝嘉庆年间，窦氏16世纪、17世纪初建民居群，均为普通民居。道光年间，家族日渐兴旺，各房对旧居进行修葺、重建。从清朝咸丰年间到民国初期，窦致祥、窦居仁在贵州省官职显赫，窦致祥出资修建民居，其余民居也得到修缮和改、扩建。

图13-7 窦氏民居（杨孝江供图）

窦氏民居群现存窦发祥宅、窦忠祥宅、窦居刚宅、窦居端宅、窦致祥东宅、窦致祥西宅、张群昌宅、窦居仁宅八组建筑，占地面积21068m²，建筑面积2656.76m²。除窦发祥宅未住人，其余均为民宅。民居群主体建筑均为穿斗式木结构一楼一底小青瓦顶，由门厅、两厢、正厅组成四合院。窦氏家族系嘉庆年间从云南曲靖府南宁窦家冲搬迁至此的彝族，其建筑也保留了大量彝族建筑特色，如马头墙、墙体绘画、构件图案等。

窦氏民居群是窦氏家族从乾隆三十二年（1767年）至民国年间生息繁衍的历史见证。

有人说，革里窦氏民居群，似一坛尘封的老酒，一旦有人开启它，瞬间就会芳香四溢，让人立即穿越时空嗅到百年以前这坛老酒的陈香。因地处云、贵两省交界处，民居结构、构件等结合两省特点，建筑风格等采用浮透相间手法，雕刻着双凤朝阳、文武双全、鲤鱼跃龙门等数十种，图案构思新颖，工艺精巧，堪称兴义民居一绝。

（四）云贵通连抹角桥

图13-8 抹角桥（杨孝江供图）

抹角桥位于乌沙镇革里抹角村钱粮地寨前，与云南省富源县黄泥河镇龙潭村交界，东南—西北向横跨于黄泥河上，与云南省富源县接壤（图13-8）。南昆铁路从桥东岸50m处经过。从抹角村到抹角桥约7~8km，驾车18min可达。桥系空撞券式单拱石桥，全长56m，宽6m，高15m，桥拱净跨16.7m。桥面两侧用青条石作护栏，两对蹲式石狮置于两岸桥头望柱上，狮首已被损坏，狮身较完整。嘉庆七年（1802年）竖建桥碑一通，记载当地乡绅、乡民捐资修桥事宜。

抹角桥始建于康熙五十三年（1714年），由云南省平彝县（今富源县）知县李某倡议并邀约黄榜元、绅士杨徽、谭自先等人捐资建成，初定名西集桥，在桥北岸竖青石质晕首石碑为记。历经几十年，桥被洪水冲毁，欲入滇，必须绕道35km，由江底乘船方达彼岸，耗时费力，极不方便。

嘉庆十年（1805年），廪生方昇在抹角寨设馆授童。他与友人黄仁溥、王正伦等倡议复修此桥，首捐千金，四方民众踊跃募捐。因桥南岸贵州境内为抹角村，遂定名抹角桥；云南境内因口音差别，称为"抹阁桥"。抹角桥采用这种空撞券式单拱结构建桥方式，在我国桥梁建设史上是一个成功案例，它融结构、功能、艺术为一体，在贵州省石桥建筑中首屈一指。每年正月初一到初三，云贵两省人民不约而同都会到此桥上集会欢庆新年，此习俗始于何时已不可考，至今经久不衰。

（五）亿年贵州龙化石

举世闻名的贵州龙动物化石，是中国地质博物馆胡承志先生于1957年在兴义县顶效区街上发现，继而寻踪在绿荫村的浪雾、光堡堡两处找到动物化石产地（图13-9）。经中科院古脊椎动

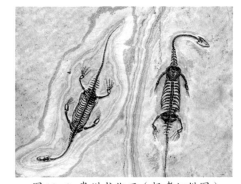

图13-9 贵州龙化石（杨孝江供图）

物与古人类研究所所长杨钟健教授命名为"贵州龙属·贵州龙科·胡氏贵州龙"，后来，又在乌沙革里发现品类众多、品相更精美的贵州龙动物群。《光明日报》头版头条以《世界罕见的重大科学发现，贵州龙化石被认定》为题，对贵州龙"这一重大科学发现""有极其重要的科学价值""贵州特别是兴义不可多得的宝贵财富""保护、利用好这批财富，对于提高贵州和兴义知名度，发展贵州、兴义的经济、文化，具有难以估量的作用"。随后，新华社、美联社、法新社、路透社、共同社及《人民日报》等国内外30多家新闻媒体，发出了60条消息，对贵州龙动物群给予了集群轰炸式的报道。

贵州龙是地球上最原始的爬行动物，两栖于滨海环境。属蜥鳍类。生于中生代三叠纪中期，距今已有2.43亿年~2.31亿年。贵州龙化石，是20世纪50年代在中国贵州首次发现的，故名贵州龙。其特点是颈长探出，头近三角形，眼睛鼓圆，四肢细长，前肢比后肢稍粗，爪短，体型酷似现代爬行类的蜥。其体长10~30cm，体虽小却是龙族的祖先。贵州龙生活在距今2亿多年前的三叠纪，现在的贵州兴义一带还是一片泽国，这里生息着一种小型幻龙——贵州龙。它小脑袋、长脖子，身体宽扁，很像后来发现的蛇颈龙。它四肢仍保留趾爪，能像鳄鱼一样匍匐爬行。它大部分时间生活在水里，宽大的脚掌及细长的尾巴很适宜在水中游泳。与其他幻龙一样，贵州龙也喜欢吃鱼及小型水生动物。贵州龙是个大家庭，由于它们生活在海洋里，所以，所有在那个年代出现的海洋生物应有尽有。最引人注目还是这些龙啊、蜥啊、鳄啊的东西，在兴义地区三叠纪海相的灰岩、页岩的地层里，层层岩石之间镶嵌着姿态优美、已经凝固的贵州龙、鱼龙、湖北鳄、江汉蜥、兴义龙等化石，构成了一幅幅生动的画面，他们似乎还在闭目思考着昔日的辉煌。

2002年，兴义市乌沙镇的岔江、泥麦古、革里、谢米、革居等地多处发现"贵州龙"化石，形态各异，分布近100km²，不仅有鱼龙类、鳍龙类、海龙类、长须龙类等化石，还有丰富的鱼类和精美的海百合化石，以及虾化石、节肢动物和无脊椎动物化石。

专家认为，这很可能是三叠纪海生动物化石种类最丰富、数量最大、层位最多的一个交汇点和"三叠纪海生爬行动物的乐园"，最重大的生物进化过程中的链条证据，不仅是我国，而且是世界上罕见的珍稀化石标本。兴义市结合自己的地方特色，把兴义市动物群和人文有机结合，以喀斯特地貌为特点，以贵州龙生态群为核心，做成自己独有的地质公园博物馆。2014年2月19日，兴义国家地质公园博物馆布展暨发展研讨会召开。兴义国家地质公园是国土资源部2004年1月批准的国家地质公园，是以喀斯特锥峰岩溶地貌景观和贵州龙动物群古生物化石产地为主题的特色地质公园。公园内有马岭河峡谷、万峰林、顶效贵州龙、泥凼石林、万峰湖及坡岗岩溶生产区等八大景区，面积达350km²，外围保护面积1000km²。

兴义国家地质公园博物馆位于兴义市乌沙镇324国道一侧，占地面积5014m²（图13-10）。兴义国家地质公园博物馆以提炼主题故事、突出标本展示、满足科普需求为定位，整体陈展空间按照国际惯例设计，打造集"科普+信息+游客+休闲+娱乐"五心合一的地质公园博物馆，主要包括兴义地区及兴义动物群、海生动物群的

图13-10 兴义国家地质公园博物馆（罗德江摄）

生物多样性、兴义动物群与华南其他三叠纪海生爬行动物群的关系、兴义国家地质公园景观及人文特色六个展厅。近几年来，兴义国家地质公园博物馆已成为兴义乃至全州爱国主义、科普教育基地，每天迎来送往海内外慕名而来的众多游客，成了兴义乃至贵州对外宣传的一张靓丽名片。

乌沙有黔龙古镇的美誉。在乌沙革里茶旅活动中，游客参与其中，不仅能欣赏茶园风光、体验采茶、品茗，还能感知上述景观的历史文化，为你的茶旅游增添别具一格的乐趣。

四、洒金——寻茶之旅

兴义城外南环路段、绕城高速公路畔，有一个神奇的地方——洒金。这里地属新成立的洒金街道办事处，距兴义中心区约8km，最高海拔1800多米。

洒金保存有距兴义城区最近且全国罕见的喀斯特山地古茶树群落；有古老的西南茶马古道（兴义洒金到白碗窑段）；有碧波荡漾的雷打田水库；有高山森林中的生态茶园。在茶园周边有上万亩的松、杉、枫、化香、竹等原始次生林木；在高大的乔木林下生长着一丛丛、一片片的花色红白相间的杜鹃花；在林边的空地上还生长着大片大片的野草莓、树莓、半夏、鱼腥草、黄精、白芨、重楼、翻白叶等珍稀中药材和不知名的野花野果。茶山脚下，建有现代化的茶叶加工厂。

茶山上，常年云雾环绕、青峰叠翠、古木参天、山青水绿、花香飘溢，空气清新湿润。这里仿若是兴义城市中的茶园，也仿是山城兴义的后花园。神奇的洒金是集茶园旅游观光、采茶制茶品茗体验、休闲、康养为一体的茶旅胜地（图13-11）。

图13-11 画中的洒金茶园（杨德军供图）

水库·山城空中的茶园沿外环路坪东洒金段的盘山公路直上约2km，车程几分钟就来到一处位于半山腰中幽静的雷打田水库。水库周围群山环绕。杉木、马尾松、化香等枝繁叶茂，一片郁郁葱葱。不时几声蝉鸣、几句鸟语，一片空灵，颇具"千山鸟飞绝，万径人踪灭"

图13-12 兴义城市上空的洒金茶园（罗德江摄）

的意境，进入茶山周边的山林，仿佛置身于深山野菁，深吸一口森林中清新、香甜的空气，不禁令人神清气爽，尘世间的宠辱俱忘。水库的水源来自周围大山渗出的涓涓溪流，渐渐汇成一潭碧水，清澈见底，静静地挂在半山腰中。微风轻拂，水波荡漾，阳光下闪闪发光，宛如一面深山中的古镜，又如一颗茶山上镶嵌的硕大明珠。水库右上约200m，一片茶山呈现在，只见垄垄碧绿的茶林如玉带般紧紧地环绕在大山的胸膛上，一环又一环碧绿的茶行从海拔1400m的山腰一直缠绕到海拔1800m的山顶。环环相连，山山相接，构成了一幅以大山为底、以茶林为线人工创造的鲜活茶园图案（图13-12）。

每当春、夏、秋茶生产的季节，修剪齐整的茶蓬上，一株株、一簇簇茶芽如枪、似剑悄悄吐出。或独芽、或1叶1芯、或2叶1芯，如一柄柄、一片片绿剑朝天。茶芽挂着朝露。微风轻拂，新长成的娇嫩、青翠的茶芽犹如一片肥厚的豌豆尖，令人不禁想伸手抚摸、采摘。

漫步茶园中的小径，穿行在带着清香的茶行中一路向上，到了近1800m的茶山顶部。回头看去，近处的兴义城鳞次栉比，参差斑驳的高楼大厦、纵横交错的街道、车辆、行人仿佛就在脚下。再鸟瞰远处美丽的国家级风景名胜区万峰林，千山万壑默默静卧在纳灰河畔，月明星稀的夜晚，繁星衬着城市的灯光，仿若茶园就在城市的上空，城市就在茶园脚下，形成了一幅雄奇、壮观、美丽的茶园山水城市园林立体画面。

黄泥菁森林、杜鹃花、野草莓、新建茶园 沿外环路坪东洒金段往右的盘山公路绕行约4km，就来到了洒金村黄泥菁寨子。这是一个位于山腰上古朴的小山村，住着40多户山民。年轻人多外出打工，家中的老人们养了牛马、土鸡、鸭、野蜜蜂等畜禽。年复一年陪着沉默的大山，静静地守候着家园。午夜的几声犬吠鸡鸣，更彰显出整个山村古朴、宁静、和谐。

小村周围全部是茂密的森林，有挺拔的巨杉，有苍劲的古松、火红的枫树、珍稀的金丝楠、大大小小的花香及不知名的古藤蔓交错缠绕在树枝上，偶尔会看到一些不知年份长满青苔的古茶树。

最为神奇的是林中高大的乔木下生长着一丛丛密密麻麻的杜鹃花（图13-13）。每当春季清明节前后，满山的森林中杜鹃怒放，或粉红、或鲜红、或雪白，有一种层林尽染的意境，美不胜收。这里的老人说："黄泥菁的杜鹃花开放的时间一般要比七舍白龙山的提早半个月以上，而且她们是在林下开放，好看得很，由于离城近，

图13-13 洒金黄泥菁茶山上的杜鹃花
（郎应策摄）

这几年越来越多的城里人都开车来这里看花呢……"

在繁茂的森林花海边际，连绵不断匍匐生长着一种细小的藤蔓植物，如大纽扣般的椭圆形叶片，开着雪白的小花，每年的5、6月份，结出一颗颗如珍珠般白中带红的小果，闻一闻，清香扑鼻，尝一尝，酸酸甜甜，别有风味。

在树木及林边还生长着各种有刺无刺的树莓，果实有黄的、红的、紫黑的等，在林中及山坡上还生长着高高低低、大小不一、形态各异的灌木、野花野果，还有自然生长的独脚莲、半夏、鱼腥草、黄精、翻白叶等名贵珍稀药材。走在黄泥菁的大山中，脚下厚厚的枯枝落叶发出喳喳的响声，深吸一口森林中清新香甜的空气，让人神清气爽，身心轻松，仿佛进入了一个静谧的港湾。

在村庄的左边和山背后的耕地上，出现了大片横竖成行新建的茶园。当地农民专业合作社的负责人江秀才自豪地说："茶园是我们农民专业合作社请专业技术人员进行茶旅一体化总体规划后，社员们利用自家的耕地和荒坡新建的。规划面积1000亩，现已建成400亩，种植的品种是无性系的龙井43和福云六号，茶园投产后，结合我们这里1700多米的高海拔、离城近、自然生态好的条件，我们这里将逐步建成兴义市集旅游、观光、避暑、康养为一体的山地旅游观光区。"

（一）茶马古道

兴义历史上古老的对外经贸商路，起源于2000多年前的汉代，正式形成于唐宋时期，是古代马匹、药材、漆、铜、丹砂、陶瓷、茶叶等物品转运最便捷的通道。茶马古道遗迹地处洒金钥匙头组，全长373m，从钥匙头组对门坡和龙潭坡之间坪白公路（坪东至白碗窑）东端入口至西南面坪白公路起点。

（二）古茶树群落

在坪东洒金村生长着距兴义城区最近的古茶树，藏在深山人未识。寻寻觅觅，从兴义外环路坪东洒金段往右的盘山公路绕行约1km，再沿着昔日的茶马古道盘山往上攀爬

500m左右的山腰上，出现在眼前的是一株株、一丛丛枝繁叶茂的古老茶树，粗略数了一下，计有28多株（丛）左右。大的胸径有近50cm，小的也有20cm以上，最高的有6米多、最低的也有2米多，花果同季，丛生，每丛3~8个主枝。在茶树枝干上长满了苔藓、地衣，铭记着它们生长的岁月沧桑。这是一片生长在喀斯特山区罕见的古茶树，树龄多为百年以上。它们顽强地生长在石缝间的土壤中，这片古茶树分为不同的品种，仔细观察，就会发现树叶颜色分为深绿、黄绿两种。颜色深绿的茶树品种抽出来的嫩芽毛茸茸的，而黄绿色的茶树抽出来的嫩芽没有绒毛；制成茶品赏口感滋润，带有苦

图13-14 坪东洒金喀斯特古茶树
（罗德江摄）

涩，苦涩味在口腔内停留时间几十秒钟。这些茶树株（丛）虽然产量不高，但对于研究喀斯特石山半石山区的茶产业发展以及兴义市茶叶种质资源的储备、保护、开发利用、茶旅一体化等都具有极其重要的作用（图13-14）。

（三）茶叶加工厂、茶叶品牌

茶山脚下，兴义市外环路内侧，距市中心区约5km处，建有一家茶叶加工厂，这就是在兴义远近闻名的兴义市绿茗茶业有限公司茶叶加工厂，这是一座花园式茶叶加工厂。四周高高的围墙上爬满了藤蔓植物，有碧绿的爬山虎、火红的三角梅，远看像一座大山的崖壁，古朴、清幽。整个加工厂占地面积1500m²，建筑面积800m²；有茶叶初制车间、精制车间、包装车间、名优茶车间及消毒、分拣、包装、品茶等附属设施。目前厂内有现代化茶叶粗、精加工生产线各一条，各类现代化加工机械10余套。据公司负责人杨德军介绍：公司资产700余万元，有职工26人，专业技术人员6人。加工厂年规划设计干茶生产能力100t，总产值1000万元以上。公司目前注册有"羽韵绿茗、万峰春韵"两个商标，茶叶产品已通过国家质检总局QS（SC）认证。茶叶产品回味甘甜、栗香持久、汤色黄绿明亮、风味独特。产品畅销山东、四川、江苏、浙江、福建、广西等十多个省市，供不应求。

2019年生产加工春茶为主的茶叶产品10多吨，平均售价40万元/t，总产值400万元以上。公司正在努力将洒金打造成为集茶叶生产、加工、销售、茶园旅游观光、家庭茶叶采摘加工体验、高山茶园避暑康养的茶旅一体化产业圣地。

五、寻访清代古茶园

从兴义市区出发，行车1h左右即可到达猪场坪镇。下车后，经过蜿蜒的荆棘丛林小

路，杂草和荆棘依附在小路上，清风徐来，茶香四溢，郁郁葱葱的古茶园顿时进入眼帘，放眼望去，一片片绿油油的茶树向天伸展，高傲地依附在杉树的壮臂下，犹如母亲怀抱里的婴儿一般嗷嗷待哺。古茶园中的茶树经过漫长的年月，枝丫形状各异，岁月在这片茶树上刻下了斑驳的年轮，清风拂过，茶树左右摇摆，仿佛这些茶树也跟着嬉戏了起来，热闹极了。一缕缕明亮的阳光从沙树间隙映照在古茶树上，仿佛在温柔地亲抚茶树，茶树也因此变得生机勃勃。

据了解，清代古茶园现存有经专家考证的百年古茶树76株，成林相对连片的约3万余株（丛），其中树高3m以上、冠幅10m²以上的有48株；株高2m以上、冠幅6m²以上的有28株。总种植面积约10亩，清代古茶树被砍了很多次，但它们却越长越旺，生命力极其顽强。

"清代古茶园"古朴沧桑，附生在茶树上的苔藓、地衣仿佛无言地向人们诉说着茶树生长的漫长岁月，茶树依然枝繁叶茂，生机勃勃，好像在热情招待远道而来的客人朋友。

当地茶农吕大兴（吕金鼎的第四代，现已有8代，71岁）、陈德珍（88岁）老人回忆，茶园的首创者为吕金鼎先生（1864—1943年）。吕金鼎，贵州兴义人，二十多岁时成为晚清秀才，四十岁之前，他主要在兴义和捧乍办学，培养当地学子，为兴义的教育事业做出了积极的贡献，后来成了贵州省的参议员、当地吕氏家族的族长。看到家乡十分贫困，父老乡亲没有效益较高、稳定的经济来源，于是，他号召族人种植茶叶，并亲自从外地引进茶叶种子种植在山地和田埂上，逐步在老家周围建成了500亩的小乔木型、灌木型大叶种茶园，至今尚保存完好，葱郁浓密，枝繁叶茂，成了贵州兴义市唯一的清代古茶园。茶园至今尚可采制茶青制茶，茶园内的茶树种质资源具有较好的科研、开发价值。

六、马簧箐茶园之旅

从兴义城区往敬南镇出发，约半个小时到达何家湾，路口右转，途经发舍、高山村、冬瓜林，经过一段新修的水泥路后进入颠簸的砂石路，到达茶山脚下。下车后，抬头往茶山上看，蜿蜒曲折的山路一直通向山顶。

随着山势的抬升，映入眼帘的是兴义市最险峻的茶园，该茶园坡度约60°，沟壑纵横，险峻陡峭，巍巍壮观，令人叹为观止（图13-15）。顺着小路走约1h的路程，路的两侧逐渐变窄，终于到达了马簧箐茶山之巅，可纵览万峰林、下五屯、云南、

图13-15 陡峭险峻的茶园（万民合作社供图）

（注：页边竖排文字）第十三章 兴义茶旅

广西等多处景观，终有了"会当凌绝顶，一览众山小"的壮阔，游客可以开启了传统的"喊山"活动，回音在茶山中回荡，将所有的压力、烦躁都释放于山谷之中。翻过茶山便是有名的烂木箐古茶林，站在马簧箐茶园山顶，可一览烂木箐古茶园原始景象，在这原始森林般古茶园的衬托下，马簧箐茶园显得格外险峻，放眼望去，幽静而云雾环绕。

走下茶山，可参观新建的茶园加工厂（位于敬南镇白河村果河组），加工厂面积约200m²，配置有较先进的茶叶加工设备。茶园建设者朱顺明讲述：马簧箐茶园建于2014年，当时朱顺明已有68岁高龄，通过对茶园基地进行实地考察，并凭借自身多年的矿业开采工作经验及知识，认为马簧箐是发展茶园的好基地。其海拔1400~1900m，夏无酷暑，冬无严寒，雨量充沛，终年云雾缭绕，年平均气温14~19℃，降水量1300~1600mm，具有得天独厚的自然优势。在他的号召下，全村十余人共同成立了兴义市万民种植专业合作社，并在马簧箐种植了2000亩高山茶园，希望以此项目来推动冬瓜林组群众脱贫致富。目前，该合作社注册了"云雾岭茶"商标，预计2021年该茶园将会大量投产，加工设备也将于2021年正式使用。

朱顺明现已有72岁高龄，身体不如建设茶园时硬朗，但思维依旧清晰，他说："要想打造品牌，就必须要有自己的茶园基地。"

第二节　乡镇街道古茶树寻访之旅

一、七舍镇古茶树寻访之旅

从兴义市区出发，经下五屯坝佑，翻过险峻的八环地盘山公路，过马格闹，来到白龙山脚，在革上右面分路，沿着一条清澈的溪边柏油路进入白龙山旅游景点——革上村纸厂古茶树林（图13-16）。这里古木参天，鸟语花香，泉水淙淙，环境古朴优雅。现存百年古茶树160余株，其中树高5m以上、冠幅12m²以上的有30株，株高4m以上、冠幅7m²以上的有70余株。最为引人注目的是被当地人称为"茶树王"的古茶树，树龄达千年，高10.5m、冠幅28m²以上。形如巨伞，郁郁葱葱，枝繁叶茂，盘根错节，甚为壮观。

图13-16 七舍纸厂古茶树
（罗德江摄）

2007年12月，当地政府对每一株古茶树都进行了编号、挂牌、建档案，实行单株跟踪保护，时刻与专家保持联系，并明确专人负责管理。

二、敬南镇古茶树寻访之旅

敬南镇是兴义古茶树资源的主要分布区域之一，古茶树主要分布在高山村烂木箐组，这里山高、谷深、路险，交通不便，多为土山，土壤深厚疏松，植被茂密，山泉清洌。得天独厚的气候、土壤、水源等为古茶树提供了良好的生存环境，加之位置偏僻，少有人家居住，不易受到外界因素干扰，适宜古茶树长期生长（图13-17）。

图13-17 敬南烂木箐古茶树
（王浩摄）

高山村烂木箐离布雄街上8km左右，离兴义市城区16km。从兴义市城区平桥路口出发，沿着兴陇公路，约8min到达敬南镇高山村后，有两条路线通往烂木箐：一是从高山村村委会对面的公路开车上去，前行8km，因道路弯道多，道路比较险峻，约35min即可到达烂木箐；二是沿着兴陇公路，约10min到达飞龙洞村，到达路口后车右转，行驶约8km到达烂木箐，用时大约30min，烂木箐现有古茶树40余株，树龄最大的有两百多年，多为三籽茶，目前成长状态较好。

三、洒金古茶树寻访之旅

沿兴义外环路洒金段往右的盘山公路绕行约1km，再沿着昔日的茶马古道盘山往上攀爬500m左右的山腰上，生长着距兴义城区最近的古茶树群落。古茶树藏在城郊人未识。

这是一片贵州少见的喀斯特石山半石山区生长的古茶树，大多为乔木型，也有丛生型的，呈现在眼前的是一株株、一丛丛枝繁叶茂的古老茶树，粗略数了一下，计有20多株（丛）左右。乔木型茶树大的胸径有近50cm，小的也有20cm以上，最高的有6米多、最低的也有2米多；丛生型的每丛3~8个主枝，花果同季。茶树枝干上长满了苔藓、地衣，铭记着它们的岁月沧桑。这是一片生长在喀斯特山区罕见的古茶树，树龄多为百年以上。这片古茶树分为不同的品种，仔细观察，就会发现树叶颜色分为深绿、黄绿两种。颜色深绿的茶树品种抽出来的嫩芽毛茸茸的，而黄绿色的茶树抽出来的嫩芽没有绒毛。

据当地的制茶师傅介绍，古茶树茶青制成的茶尝时，口感滋润，带有苦涩，但其苦涩味在口腔内停留时间只有几十秒钟。这些茶树株（丛）虽然产量不高，但对于研究喀斯特石山半石山区的茶产业发展以及兴义市茶叶种质资源的储备、保护、开发利用、打造洒金茶旅一体化等都具有极其重要的作用。

第十四章　兴义茶计划

新中国成立后，兴义茶产业逐步被政府部门重视，二十世纪六七十年代，就有计划地引进浙江中小叶茶、云南大中叶茶种子在兴义种植了2万亩，种植区域遍布兴义全县的所有区、人民公社、生产大队。重点区、人民公社还建有国有或集体所有制的茶场。如当时比较知名的"白碗窑磁泥厂万亩茶场、磨盘山知青农场（主营茶叶）、猪场坪建国茶场、泥溪茶场、乌舍茶场、雄武茶场"等。至今在敬南、清水河、七舍、猪场坪等乡镇尚遗存有当时种植的茶园，这些茶园现已成为兴义茶园的重要组成部分。

从改革开放到21世纪初始，茶产业逐渐成为兴义山区农民致富的支柱产业。政府行业主管部门先后制定了兴义"十一五、十二五、十三五"茶产业规划、实施方案；兴义茶产业正稳步发展壮大中（图14-1）。截至目前，十三五规划已大部完成，发展规划、实施方案节选如下。

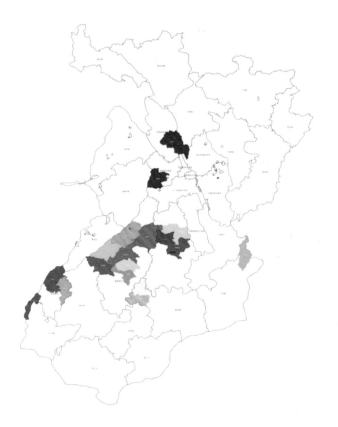

图14-1 兴义市茶产业发展规划示意图（编纂组供图）

第一节　兴义市（县）级规划、实施方案

一、兴义市《"十三五"现代山地高效农业发展规划》（节选）

（一）目　标

在现有茶园的基础上，新增茶园3万亩，到十三五期末预计全市茶叶产量达到3075t以上（含夏、秋茶）、产值达20000万元以上。新建茶青交易市场5个，新建（扩建）年加工100t的茶叶加工厂15个、年加工1000t的大宗茶茶叶加工厂3个。在继续培育好现有的"七舍·涵香""松风竹韵""羽韵绿茗""南古盘香"等品牌基础上，发挥环境优势，加强无公害茶、绿色有机茶的打造和申报，大力开拓广东、北京、上海等一线市场。

（二）布　局

主要分布在七舍镇、敬南镇、捧乍镇、猪场坪乡、泥凼镇、清水河镇、乌沙镇及坪东街道等8个乡镇（街道）。其中七舍镇、敬南镇、捧乍镇、猪场坪乡4个乡镇新增茶园总面积达到1.75万亩以上，形成七捧小高原特有的高原生态茶带（表14-1）。

表14-1　兴义市2018—2020年茶叶产业发展规划表（单位/亩）

年度 乡镇	2017 （衔接 数据）	2018		2019		2020		到2020年底 全市茶园面积	
		上年 面积	新建 面积	上年 面积	新建 面积	上年 面积	新建 面积	茶园 总面积	新建茶园 合计
坪东	2000	2000	1000	3000	0	3000	0	3000	1000
七舍	21200	21200	14000	35200	6000	41200	10000	51200	30000
捧乍	3440	3440	3000	6440	2000	8440	2000	10440	7000
猪场坪	2800	2800	1500	4300	2000	6300	2500	8800	6000
泥凼	9200	9200	0	9200	0	9200	0	9200	0
清水河	4500	4500	0	4500	0	4500	0	4500	0
敬南	5290	5290	1500	6790	3000	9790	3500	13290	8000
乌沙	2500	2500	1000	3500	500	4000	500	4500	2000
鲁布格	300	300	0	300	500	800	500	1300	1000
木贾	0	0	2000	2000	0	2000	0	2000	2000
雄武	0	0	1000	1000	1000	2000	1000	3000	3000
合计	51230	51230	25000	76230	15000	91230	20000	111230	60000

注：根据2018年5月农业产业规划图分配任务。

① 七舍镇：新建茶园6800亩，新建（扩建）年加工100t的清洁化茶叶加工厂4个，新建（扩建）年加工1000t的大宗茶茶叶加工厂2个，新建茶青交易市场1个。

② 敬南镇：新建茶园4000亩，新建（扩建）年加工100t的清洁化茶叶加工厂2个，新建（扩建）年加工1000t的大宗茶茶叶加工厂1个，新建茶青交易市场1个。

③ 泥凼镇：新建茶园4000亩（含苦丁茶）。新建（扩建）年加工100t的清洁化茶叶加工厂2个，新建茶青交易市场1个。

④ 清水河镇：新建茶园3000亩，新建（扩建）年生产100t的清洁化茶叶加工厂2个，新建茶青交易市场1个。

⑤ 捧乍镇：新建茶园3500亩，新建（扩建）年加工100t的清洁化茶叶加工厂2个，新建茶青交易市场1个。

⑥ 猪场坪乡：新建茶园3200亩，新建（扩建）年加工100t的清洁化茶叶加工厂1个。

⑦ 乌沙镇：新建茶园4000亩，新建（扩建）年加工100t的茶叶加工厂1个。

⑧ 坪东街道：新建茶园1500亩，新建（扩建）年加工100t的清洁化茶叶加工厂1个。

（三）重点建设内容

1. 保持现有茶园规模并建设新茶园

争取上级资金和政策扶持，在规划区域和规划期内新建3万亩优质茶园。茶园建设力求规划科学，做到林茶相间，空气清新，水质洁净，土壤农残、重金属不超标，品种搭配合理，茶园管理标准化，路、沟、渠及抗旱水窖（池）配套设施完善。

2. 扩建、新建茶叶加工厂

在规划期内，鼓励扶持茶叶生产加工企业、农民茶叶专业合作组织，新建（扩建）15家年产干茶不低于100t的清洁化茶叶示范加工厂，以此带动茶区茶叶清洁化加工，使茶叶加工逐步实现"三化"，即清洁化、标准化、无害化。

通过政策扶持、招商引资等方式，新建（扩建）3个年加工1000t的大宗茶茶叶加工厂，提高茶青（茶鲜叶）利用率，增加茶园收入，推动茶区茶农增收致富。

3. 新建四个茶青交易市场

争取国家项目资金支持，在茶叶主产区的七舍镇、敬南镇、捧乍镇、清水河镇和泥凼镇各新建茶青交易市场1个，规范管理茶青交易，从而保证茶青的品质和茶农的利益。

（四）投资概算

1. 新建茶园

新建3万亩优质茶园：3000元/亩，造价9000万元。

茶区交通（480万元）：作业干道——按每1000亩配置1km，3万亩规划茶园，需30km，造价10万元/km，计300万元。作业支道——按1000亩配置3km，3万亩规划茶园，需90km，造价2万元/km，计180万元。

水利设施（360万元）：主要是蓄水池，按每20亩配置容量20m³/个，3万亩规划茶园，需600个，造价6000元/个，计360万元。

新建茶园项目投资概算合计：9840万元。

2. 配套设施

茶叶加工厂（3200万元）：新建（扩建）年加工能力100t的清洁化茶叶加工厂10个。

200万元/个，计2000万元；新建（扩建）年加工能力1000t的大宗茶茶叶加工厂2个，600万元/个，计1200万元。

茶青交易市场（4800万元）：新建占地面积4000m²的茶青交易市场3个，造价1600万元/个，计4800万元。

配套设施投资概算合计：6000万元。

合计：14000万元；预计总投入：23840万元。

（五）效益分析

兴义市是一个比较典型的、传统的农业生产县（市），茶叶项目的实施，对兴义市产业结构调整、农业增效、农民增收、农村经济发展等方面都将产生重大而深远的影响。项目的实施，将产生明显的经济效益及显著的生态、社会效益。

1. 经济效益

茶叶基地建成并全面运行后，按正常产量计算，每亩每年可摘春茶茶青35kg，目前市场价为60元/kg左右，春茶可创年产值为2亿元。夏秋茶每亩可摘茶青120kg，按每16元/kg左右计，可创年产值为2亿元。即项目实施并全面运行投产后，每年每亩茶园仅销售茶青就可收入4000元以上，每年茶青销售收入可达4.0亿元。茶企业对茶青进行加工制作成干毛茶后，每年可获毛利约2.4亿元（毛利润按茶青成本的40%计算）。

茶园建成并全面运行后，日常管理及加工环节可解决3000余人就业，采茶高峰期可解决农村剩余劳动力15000人以上，茶叶基地建成并全面运行后，每年可使周边农户劳务收入2亿元左右。

2. 生态效益

通过茶产业项目的实施，将提高项目区森林面积，改善项目区生态环境。茶树根系发达，蓄水效果好，为水土保持重要林木，固土作用明显。茶园的建设可起到防止土壤流失、保持土壤肥力、防止泥沙滞流和淤积，减少土壤崩塌，保护水源等作用，生态效益十分显著。

3. 社会效益

茶产业项目建设中的水、电、道路等基础配套设施的建设，将极大改善项目区人们的生产和生活条件。茶园投产后可解决大量农村富余劳动力的就业问题，缓解社会就业压力，有效解决民生问题。同时，可将茶叶与特色旅游业有机结合起来，有效开发乡村旅游，达到全面增加农民收入、丰富农民精神文化生活的目的，最终为构建和谐社会主义新农村奠定基础。

二、贵州省兴义市古茶树保护与发展规划（2014—2020年）

　　根据《农业部关于开展中国重要农业文化遗产发掘工作的通知》文件及其所附《中国重要农业文化遗产认定标准》精神，结合《中共贵州省委、贵州省人民政府关于加快茶产业发展的意见》《贵州省茶产业提升三年行动方案》（2014—2016年）、《黔西南州茶产业"十二五"发展规划》《兴义市优质茶产业"十二五"发挥规划》（2009—2020年）、兴义市野生古茶树群落资源及其产地"清、幽"独特的原始生态环境条件现状，编制本规划，规划期为2014—2020年。

　　按照保护优先，适度开发，优化资源配置，可持续利用原则，对遗产特征、古茶树保护价值进行分析，同时，对保护与发展的优劣势、机遇、挑战进行客观分析。

图14-2　兴义市七舍纸厂古茶树保护区规划示意图（华曦公司供图）

以区域内的古茶树资源珍稀品种为重点保护对象，同时保护区域内的多种生物，保护当地原始生态环境，形成具有独特地形地貌的农业生态保护规划区。以古茶树资源群落珍稀品种居群为中心，形成具有传承独特的布依族、苗族的茶文化、茶艺、民俗、节庆、古法造纸、民间艺术等非物质文化遗产功能的农业文化保护规划区；形成对现有农业景观（古茶树群、岩峰洞原生态杜鹃景区、黔西南州第一峰）的自然形态和生物资源进行保护的农业景观保护规划区；形成以生态产品开发及休闲农业发展为中心的规划区。对兴义市古茶树资源进行保护，科学研究当地古茶产品的加工工艺、销售市场等情况，形成一套切实可行的古茶树生产加工技术流程，同时，对古茶树苗圃及茶叶产品进行合理、适度的开发利用。结合兴义市古茶树遗产区域内外旅游景点、接待设施、品牌打造、产品设计、茶叶销售以及相关旅游资源融合情况，大力发展以古茶树景观为中心兼顾其他区域内外的旅游景点景观，着力重点打造兴义市七舍镇革上村纸厂（上、中、下）组的休闲观光农业景观（图14-2、图14-3）。

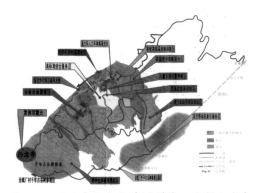

图14-3　兴义市七舍古茶树群落、白龙山生态观光茶园规划示意图（华曦公司供图）

通过遗产项目的申报实施，使区域类的古茶树资源群落得到切实有力的保存、保护及繁衍，进而通过合理、适度的开发利用，打造兴义市古茶树生态茶产品，发展茶产业、提升茶文化，在项目重点保护区七舍镇革上村纸厂发展休闲观光农业，带动兴义市农业产业和旅游业的可持续发展。

第二节　兴义市茶产业发展实施方案

根据《州人民政府办公室关于印发<黔西南州茶产业发展实施方案（2019—2021年）>的通知》文件精神，为推动全市茶产业绿色、高质量发展，结合兴义实际，特制订定本方案。

一、产业现状

（一）茶园建设情况

兴义市是贵州省43个重点产茶县之一，全市现有茶园面积5.8万亩，主要分布在七舍、泥凼、敬南、捧乍、清水河、乌沙、猪场坪、坪东、木贾、鲁布格、雄武11个乡镇（街道），涉茶农户7328户30229人。

（二）生产企业情况

全市共有涉茶企业（单位和个人）464家，直接从事茶叶种植、加工的有68家（企业30家、茶叶合作社38家），其中省级龙头企业6家，州级龙头企业9家，获SC认证企业（合作社）7家、清洁化茶叶加工厂7个。截至2019年4月底，全市茶叶总产量276.03t，实现产值15864.24万元。

（三）品牌打造情况

全市共有"松风竹韵""云盘山涵香""云盘山高原红""云盘山香珠""羽韵绿茗""万峰春韵""南 古盘香""金顶银狐""七户人家""革上怡香""绿山耕耘""泥凼何氏苦丁茶"等29个注册茶叶商标，其中6个获得国家、省级各类名优茶叶评比奖章。

二、目标要求

（一）发展思路

围绕省、州关于茶产业发展各项安排部署，结合"四行动、四机制"相关要求，按照"茶叶变金叶、茶园变游园、茶农变股农"的发展思路，依托本地资源禀赋，以春茶为主、夏秋茶并重，通过优化品种、提升质量、品牌引领、市场培育，统筹推进基地、加工、品牌、市场等全产业链发展，逐步实现种植规模化、管护专业化、产品生态化、生产集约化，助力茶农增收，助推脱贫攻坚。

（二）发展目标

通过挖掘茶文化、讲好茶故事、做好茶文章，不断优化茶产业发展路径，走GAP（良好农业规范）—GMP（良好作业规范）—MC（营销渠道建设）整合之路，实现一二三产融合发展。着力打造绿色产业链，发展高效生态茶业，打造以"七舍茶"为主的地方知名茶叶品牌，力争将兴义市建成全州高山优质中小叶绿茶基地。到2021年底，全市新增茶叶种植面积1.5万亩，茶园规模达7万亩以上（表14-2、表14-3）。

表14-2 兴义市2019—2021年茶产业发展计划表（亩）

乡镇（街道）	计划总面积	2018年年底种植面积	新增面积				品种选择	标准
			3年新增面积	2019年	2020年	2021年		
七舍	30500	24500	6000	2000	2000	2000	龙井、古树茶	按照GAP和GMP规范执行
猪场坪	3100	2100	1000	0	0	1000	白福鼎、龙井	
敬南	8300	5290	3000	2000	0	1000	白福鼎、龙井、鸠坑种	
坪东	4300	1800	2500	500	1000	1000	福鼎大白、龙井、乌牛早	
木贾	1100	600	500	500	0	0	福鼎大白	
鲁布格	1300	300	1000	0	1000	0	龙井	
泥凼	9500	8500	1000	0	1000	0	苦丁茶	
捧乍	6200	6200	0	0	0	0	福鼎大白、龙井	
清水河	3500	3500	0	0	0	0	福鼎大白、龙井	
乌沙	3500	3500	0	0	0	0	龙井、乌牛早、梅占	
雄武	1210	1210	0	0	0	0	龙井	
合计	72500	57500	15000	5000	5000	5000		

表14-3 兴义市茶园改造提升行动计划表（亩）

乡镇（街道）	年度改造提升面积				备注
	3年计划改造面积	2019年	2020年	2021年	
七舍	24500	500	14000	10000	
猪场坪	2100	600	1500	0	
敬南	5290	290	3000	2000	
坪东	1800	300	1000	500	
木贾	600	0	600	0	
鲁布格	300	0	300	0	
泥凼	8500	500	5000	3000	
捧乍	6200	200	3000	3000	
清水河	3500	500	2000	1000	
乌沙	3500	1000	2000	500	

乡镇（街道）	年度改造提升面积				备注
	3 年计划改造面积	2019 年	2020 年	2021 年	
雄武	1210	0	1210	0	
合计	57500	3890	33610	20000	

三、主要任务

（一）茶叶变金叶

1．实施品牌培育行动

1）严控质量标准，增强品牌效应

通过打造"普安""万峰绿"茶叶公共品牌，进一步完善《七舍茶产品质量标准》《七舍茶生产技术规程》，规划品牌使用管理规则，主推"七舍茶"作为全市茶叶拳头品牌。切实做好行业自律，维护品牌信誉，严格质量管理，保证产品质量，把企业品牌与公共品牌结起来相互拉动，产茶乡镇（街道）1 年~2 年内引进或培育一家知名茶企带动辖区内茶产业发展。牵头单位：各涉及乡镇（街道），责任单位：市农业农村局、市投促局、市市场监管局。

2）强化品牌打造，树立品牌形象

① **挖掘茶文化**：组织文化机构、教育机构、民间力量、企业挖掘整理兴义市丰富多彩的茶文化资源，开展茶文化文艺创作，编制并出版《兴义茶全书》等一批茶文化书籍。支持行业组织发展壮大，成为茶产业宣传、推介、行业自律和茶文化传播的主体力量。牵头单位：市文体广电旅游局，责任单位：市教育局、市农业农村局、相关乡镇（街道）。

② **讲好茶故事**：拍摄兴义茶叶宣传片，在各种新闻媒体及主要公共场所 LED 屏、旅游景区及宾馆饭店、旅游车等平台播放。围绕茶叶公共品牌，把高速公路、主要茶区、旅游景区、酒店宾馆和餐饮企业等建成宣传推介兴义市茶叶品牌的重要窗口，利用国际山地旅游发展大会大好时机，举办茶文化旅游节，在全市旅游景区开展节假日品茗活动，促进茶旅互动。牵头单位：市农业农村局，责任单位：市文体广电旅游局、各涉及乡镇（街道）。

③ **做好茶文章**：每年组织茶区、茶叶企业参加招商引资及展示展销等活动，推介兴义市茶产业与茶文化及茶产品。组织企业参加各类专业展会，充分培育和拓宽消费人群。举办《七舍茶生产技术规程》培训，规划品牌使用管理规则，主推"七舍茶"作为全市茶叶拳头品牌。切实做好行业自律，维护品牌信誉，严格质量管理，保证产品质量，把企业品牌与公共品牌结起来相互拉动，产茶乡镇（街道）1~2 年内引进或培育一家知名茶企带动辖区内茶产业发展。牵头单位：各涉及乡镇（街道），责任单位：市农业农村局、

市投促局、市市场监管局。组织茶艺技能大赛、斗茶大赛、制茶大赛，开展不同层次的茶文化"五进"茶产业宣传活动。鼓励全市各类会议、活动、办公采购本地茶叶。牵头单位：市农业农村局，责任单位：市机关事务管理局、市投促局、各涉及乡镇（街道）。

3）强化资源保护，开发特色产品

建立古茶树资源库。调查核实古茶树资源分布的具体地点、面积、株数、树龄、年产量和经营主体等情况，建立古茶资源档案和古茶树资源分布电子地图，明确保护主体对象和保护范围，建立保护区、保护小区或保护点，划定保护区域，设立保护标志。开展古茶树无性繁殖技术研究，支持七舍镇茶叶企业、科研单位建立古茶树种质资源圃，开发独具特色的古茶树产品。牵头单位：市农业农村局，责任单位：市林业局、市工业和科技局、各涉及乡镇（街道）。

2. 实施市场拓展行动

1）抓市场体系建设

建立一支与兴义茶产业相适应的茶叶营销队伍，大力拓展兴义市品牌茶叶终端市场。支持茶叶行业协会、龙头企业到省外专业市场、中心城市开设销售窗口，每年新增营销网点3个以上，到2022年在省外建成茶叶专卖店5个以上。支持企业进入市内旅游景区建立销售门店，实现4A级以上景区兴义茶展示窗口全覆盖；支持企业进入市内酒店（宾馆）设立大堂茶吧，茶叶进入酒店房间。支持兴义茶进入市内特色餐饮店，促进茶文旅一体化发展。鼓励支持有基础、有条件的茶叶企业自营出口，嫁接商务、文化、旅游以及有关行业的推介活动，拓展市州外市场。牵头单位：市场监管局，责任单位：市农业农村局、市文体广电旅游局、市市场监管局、市工业和科技局、市发展改革局、市供销社、各涉及乡镇（街道）。

2）抓电子商务销售

支持企业与知名品牌电商合作，鼓励知名电商平台建立"产地仓"直销模式，增强线上推广和线下服务；推动专属茶园、共享茶园的认领，简化相关手续办理，促进线上线下融合，让更多消费者成为茶园"合伙人"；加快冷链物流、检验检测等配套设施建设，提升各项服务功能，扩大辐射范围，拓宽茶叶销售渠道。牵头单位：市工业和科技局；责任单位：市农业农村局、市市场监管局、各涉及乡镇（街道）。

（二）茶园变游园

1. 实施基地培育行动

1）科学规划，做好产业布局

2019—2021年，全市新植茶园1.5万亩。在七舍、敬南、坪东、猪场坪、鲁布格、泥囱、木贾等乡镇（办事）海拔1300m以上的宜茶荒山和15°~25°籽粒玉米调减的酸性土壤缓坡地带，按照立地条件好、宜建园的现代茶园标准建设高标准生态茶园。立地条件较差的，按照生态茶园的标准进行建设，并具体落实到图斑。牵头单位：市农业农村局；责任单位：市林业局、相关乡镇（街道）。

2）选好品种，建设特色基地

根据加工方向和现有茶产业基础，在品种选择上，充分发挥兴义市古茶树种质资源优势，重点开发七舍镇古树茶、猪场坪乡清代古茶园品种茶及福鼎大白、龙州外市场。牵头单位：市市场监管局，责任单位：市农业农村局、市文体广电旅游局、市市场监管局、市工业和科技局、市发展改革局、市供销社、各涉及乡镇（街道）。龙井43、安吉白茶等高产、优质、多加工类型品种。在全市范围内突出"早"字，因地制宜发展乌牛早等特早熟品种，抢占早春茶市场先机。在泥囱镇重点发展小叶苦丁茶（木犀科女贞属，代用茶）品种。牵头单位：市农业农村局；责任单位：市自然资源局、市林业局、市工科局、市财政局、各涉及乡镇（街道）。

3）强化示范，带动产业发展

各乡镇（街道）宜茶种植区域要围绕茶产业发展实际，层层建示范点，

示范点上要集中展示先进技术、优良品种、科学管理、配套设施等，确保看有典型、学有榜样、做有效果，引领群众增收致富。在七舍建设相对集中连片1000亩和2000亩以上的示范点各1个，其余宜茶乡镇（街道）分别建设1个相对集中连片1000亩以上的示范点。每个示范点按照标准化茶园建设要求完善相关配套设施，茶园茶青每亩产年值达4000元以上。牵头单位：市农业农村局，责任单位：市自然资源局、市林业局、市财政局、各涉及乡镇（街道）。

2. 实施茶园改造提升行动

1）提升技术管护措施

按照"因地制宜、效益优先、科学决策"的原则。通过换种、修剪、补植补造等技术措施，恢复和提高低产茶园生产能力、增加茶园茶叶产量、提升茶叶品质。同时，强化改造后管护和病虫害绿色防治，使其尽快进入丰产茶园。其中，对于分布零星和缺窝断行严重的茶园，采取补植补造来使茶园"集中连片"，补助标准为每亩900元；对于因树势老化或种植品种不合理的茶园，采取换种的方法来提升其经济效益，补助标准为每亩900元；对于20世纪70年代用茶籽种植但现已荒芜的老茶园，采取加强土、肥、水管理，结合台刈、重修剪，清除茶园荆棘、杂草、杂木等措施进行改造，综合补助标准为每亩400~600元（视具体改造难度定）；对于因管护措施不到位，产量低、品质差的低产

茶园，采取修剪及加强土、肥、水管理等技术措施，每亩300元。2019—2021年由市级财政每年统筹资金启动茶园提质工程，确保2021年底完成全市5.75万亩茶园改造提质增效。牵头单位：市农业农村局、市财政局，责任单位：市自然资源局、市林业局、市发改局、市财政局、各涉及乡镇（街道）。

2）推进茶园农旅发展

在现有条件的基础上，进一步加强茶园水、电、路等基础设施建设，着力打造四条茶旅融合发展产业带：以七舍白龙山杜鹃花、纸厂原始森林和丰富的水资源、九龙山景区等，因地制宜对其进行科学合理布局，合理开发利用，做到茶中有景，景中有茶，以茶增景，以景促茶；以乌沙贵州龙化石、茶马古道（永康桥）及茶园樱花，发展茶园观光及茶叶采摘加工体验；以坪东街道洒金村绿茗公司现有茶园及黄泥箐规划新建茶园，建设茶园及杜鹃花丛林栈道，形成观峰林、游茶园、吃农饭的"城市后花园"休闲景观点；结合泥凼石林、何应钦故居等现有旅游点，融入"泥凼何氏苦丁茶"等元素，打造茶旅结合景点，实现茶园农旅融合发展。牵头单位：市文体广电旅游局，责任单位：市交通运输局、市自然资源局、市林业局、市财政局、各涉及乡镇（街道）。

（三）茶农变股农

1. 土地入股建茶园

结合2019—2021年全市1.5万亩新植茶园规划布局，鼓励"村社合一"合作经济组织，采取政府筹措苗款，合作社认领栽植，农户土地入股的方式落实新建茶园任务。充分依托茶企、合作社培育稳定茶园的刚性需求，由任务所在乡镇（街道）鼓励引导茶企、合作社或村级通过土地入股的形式整合连片宜茶荒山、缓坡耕地申请新建茶园指标，乡镇（街道）核实报市农业农村局批复后，由建设主体垫资组织入股农户按照标准化茶园要求完成茶园建设，待验收合格后由市政府统筹资金按照每亩900元的标准给予苗木补助。建设主体同土地入股农户按照"保底收益+按股分红"的方式分红，其中入股荒山每亩保底不低于100元、入股缓坡耕地每亩保底不低于300元，分红按照每年采摘茶青的数量及品质由建设主体同入股农户协商确定，确保农户土地入股中实现稳定增收。牵头单位：各涉及乡镇（街道）责任单位：市财政局、市农业农村局、市林业局。

2. 资源入股办茶厂

1）引进一批实力强劲经营主体

抢抓东西部协作机遇，加大招商引资力度，锁定目标区域和目标企业，采取精准招商、专项招商等方式，积极引进优强企业落户兴义市，助推茶产业发展壮大。按照"门槛低于周边、服务高于周边"的原则，着力营造亲商、爱商、扶商、护商、安商的良好氛围，制定和完善好茶产业优惠政策，全力打造优质营商环境。七舍、敬南各引进强劲经营主体2家以上，其余种茶相关乡镇（街道）各1家以上。牵头单位：市农业农村局、各涉及乡镇（街道）责任单位：市投促局、市市场监管局、市发改局、市自然资源局、州生态环境局兴义分局、市工业和科技局、各涉及乡镇（街道）。

2）整合一批集中连片种植农户

以七舍镇七舍村、糯泥村为试点，由村级合作社牵头，将辖区内相对集中连片茶园的茶农纳入合作社成员，对茶园进行统一管护、统一采摘，茶青按市场价格收购，由合作社统一加工，由企业负责统一销售。村级合作社通过整合村集体发展资金的方式筹集启动资金，市农业农村局负责申请项目解决茶叶加工设备购置资金，待正常盈利后每年可在合作社滚动发展资金中提起10%作为村级活动经费。全市11个涉茶乡镇（街道），每个至少培育合作经济组织2个以上。牵头单位：各涉及乡镇（街道），责任单位：市财政局、市农业农村局。

3）培育一批技术先进加工基地

新植茶园按照每500亩需1200m^{2}加工车间标准，合理布局初制加工厂，对全市茶叶采摘、初制加工从业人员进行全员技能培训，2019年全市茶叶初制加工工艺符合品牌产品标准要求比例达到70%以上，2020年达80%以上。支持市内现有茶叶生产经营企业发展壮大，在茶叶基地建设、加工厂建设等方面，以市场为导向，着力培育10家精制茶叶龙头企业，其中：七舍镇4家、敬南镇1家、清水河镇1家、乌沙镇1家、捧乍镇1家、坪东办1家、泥凼镇1家。支持、引导、鼓励市级企业向州、省级、国家级重点龙头企业发展牵头单位：市农业农村局；责任单位：市发展改革局、市市场监管局、市工业和科技局、市自然资源局、州生态环境局兴义分局、各涉及乡镇（街道）。

3. 资金入股促旅游

围绕全市拟打造的四条特色茶旅融合发展产业带，推进茶旅融合延伸产业链条，深入挖掘茶产业的功能内涵，通过发动沿线农户出资开设茶家乐，发展采摘体验、制茶体验等农旅融合业态，打造集观、采、制、品、购等体验活动为一体的生态文化旅游融合基地，实现以茶促旅、以旅兴茶，提升茶业综合效益。牵头单位：市文体广电旅游局，责任单位：各涉及乡镇（街道）。

四、推进措施

（一）建立组织保障机制

在市茶叶产业工作领导小组的领导下，成立工作专班在市农业农村局，明确市直相关部门工作职责，从相关部门抽调相关人员负责日常工作事务。工作专班负责研究政策、制定措施，编制茶产业发展规划，督促指导全市茶产业发展。各相关乡镇（街道）结合工作实际，比照市级成立相应工作专班，负责抓好工作落实。

（二）建立利益联结机制

各相关乡镇办根据茶产业实际和企业的规模、实力，可选择性采取"联村党组织""村社合一""三建四享""五统一保""公司＋基地社＋农户""政府平台公司实体化与民营企业组建混合制股份企业"等模式，积极探索与贫困户利益联结机制，推动产业发展。新建茶园区借鉴普安县"白叶一号"工程实施的"三建四享"利益联结机制（三建：政府主建、企业承建、合作社参建，四享：贫困户共享、企业共享、合作社共享、土地流转共享）；已建茶园推行白龙山华曦生态公司实行的"五统一保"利益联结机制（统一管护、统一标准、统一加工工艺、统一贮藏、统一销售，保底收购），确保产业发展、农民增收。

（三）建立要素保障机制

1. 强化资金保障

作为省、州重点产茶县，从2019年起，市级财政每年整合财政、农业、发改、水利、交通等资金，根据各乡镇新植茶园以及提质改造相关面积据实给予资金支持。积极申报绿色产业发展基金项目。完善金融机构、担保机构与茶行业主管部门、茶区、茶企之间的合作机制，带动更多金融资本、社会资本助推茶产业发展。牵头单位：市财政局；责任单位：市农业农村局、市发展改革局、市林业局、各涉及乡镇（街道）。

2. 强化政策保障

结合兴义市实际研究出台支持茶产业发展的优惠政策。市直相关部门要积极支持各相关乡镇办加大项目资金整合力度，各茶产业重点相关乡镇办结合工作实际，整合项目资金扶持茶产业发展，落实各项优惠政策。同时，自然资源、农业、水务、生态环境等部门要进一步加大对茶产业基地、加工厂等项目支持力度，强化相关手续和许可的协调办理力度，为茶产业发展提供政策支持。牵头单位：市农业农村局；责任单位：各涉及乡镇（街道）、市发展改革局、市自然资源局、市税务局、市交通运输局、市财政局、市水务局、市林业局、市工业和科技局、市投促局、市电力公司。

3. 强化人才队伍保障

大力培育茶叶一二三产业融合发展专业人才，引进茶产业生产、管理、营销、宣传等方面高层次专业人才。聘请省内专家1名~2名作为兴义市茶产业发展顾问，对茶产业生产加工进行技术指导。开展茶艺师、评茶师、制茶师等职业技能培训，培养高素质的专业技术人才，使其有效地投入茶叶种植、生产、销售、文化宣传等各个环节。分期分批选派技术骨干进行培训学习，整合利用相关培训经费大力培训茶叶乡土人才和农民技术员，有效提升一线人员的实操技能。牵头单位：市人力资源社会保障局；责任单位：市农业农村局、市教育局、市林业局、各涉及乡镇（街道）。

4. 强化科技保障

开展对市内茶树品种的科研工作，加大各类涉茶人员专业培训和职业技能培训。支持科研单位、生产企业开展"七舍古树茶""清代古茶园品种"等地方品种鉴定登记和地方良种繁育推广，调整优化品种结构，研究论证"古茶树品种"保健功效，强化本地品种茶叶品牌知识产权保护，加速推进科技成果转化，提高科技创新对茶产业的贡献率。牵头单位：市工业和科技局；责任单位：市农业农村局、市林业局、市市场监管局、市教育局、市科协、相关乡镇（街道）。

（四）强化奖惩机制

把茶产业发展纳入全市目标绩效考核内容，确保各项任务目标的顺利实现。建立月督查、季通报、半年考核和年终评相结合机制，对工作不力、进度缓慢，各项任务目标未完成的相关乡镇办进行通报批评，并严肃问责。牵头单位：市直目标绩效办；责任单位：市农业农村局、各涉及乡镇（街道）。

第三节　兴义市茶叶主产乡镇茶产业规划

一、七舍镇茶产业发展规划（2018—2020年）

七舍茶历史悠久，1943年就以"七舍茶"商品名称上市流通。七舍茶产区位于海拔1500~2100m的山区。这里高海拔、低纬度、寡日照、多云雾、空气湿度大、土壤多属夜潮土，昼夜温差大，没有任何污染。七舍茶品质和口感均远高于其他地方生产的茶叶，其外形条索紧实、匀整、显毫，色泽褐绿、香气馥郁，经久耐泡、汤色清澈明亮、滋味甘怡鲜爽、口感清新细腻、叶底黄绿匀整深受消费者青睐。2017年12月"七舍茶"获国家地理标志保护产品。

七舍镇2017年编制了《茶产业发展三年规划（2018—2020）》（图14-4）。2017年七舍镇有新老茶叶种植面积2.5万亩，其中糯泥

图14-4　七舍镇茶产业规划布局示意图
（七舍政府供图）

村种植 3900 亩、马格闹村种植 3700 亩、革上村种植 5800、侠家米 3500 亩、七舍村种植 4500、鲁坎村 3600 亩，种植加工企业（合作社）17 家，其中：省级龙头企业 2 家，示范合作社 2 家，农民专业合作社 13 家，加工作坊 30 余家，镇级茶叶协会 1 个，优质茶园示范基地 6 个，年产 200t 清洁化茶叶加工厂 2 个，年产 500t 清洁化茶叶加工厂 1 个，取得 QS 认证（现改为 SC）企业 3 家。其注册的茶叶商标有"七舍茶""松风竹韵""涵香""云盘山高原红""金顶银狐"等 20 个。

2018 年计划新植无性系福鼎大白茶园 0.03 万亩，其中侠家米村种植 100 亩、鲁坎村种植 200 亩，总面积 2.53 万亩。

2019 年计划新植无性系福鼎大白、龙井 43 茶园 0.09 万亩，其中糯泥村种植 200 亩、马格闹村种植 100 亩、侠家米村种植 300 亩、七舍村种植 200 亩、革上村种植 100 亩，总面积 2.62 万亩，新增加茶叶加工合作社 1 家。

2020 年计划新植无性系福鼎大白、龙井 43、古树茶茶园 0.132 万亩，鲁坎村种植 650 亩、糯泥村种植 530 亩，侠家米村种植 140 亩，届时全镇总面积达 2.752 万亩；同时，新增加茶叶种植加工企业（合作社）2 家。

二、乌沙镇 – 贵州天沁商贸有限责任公司茶旅一体化农业示范项目发展规划（2014—2018 年）

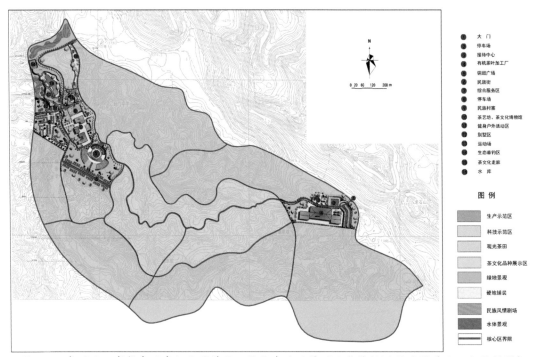

图 14-5　贵州天沁商贸有限责任公司茶旅一体化农业示范项目发展规划平面图（天沁公司供图）

《规划》计划乌沙镇到2018年，完成1.5万亩优质无性系良种茶园种植；新建年产5000t茶叶加工厂；完善茶产业生态旅游基础配套设施。其中：农业旅游观光示范茶园2000亩；品茗休闲娱乐建设10000m²；厂区文化旅游建设30000m²；园区民族特色文化和乡村旅游区建设80000m²；科技示范中心建设10000m²；生态旅游户外度假休闲风景区建设2000亩。建立和形成茶产业有景（规模）、生态游有品（配套设施完善）、健康休闲有味、文化底蕴醇厚、经济效益显著的发展格局，实现2018年项目区生物产值达到4亿元，固定资产3亿元；年新增产值8亿元，年利税5亿元，项目区农户年户均增收5000元；社会、经济、生态效益协调发展，企业效益凸显。《规划》现正在实施中（图14-5~图14-7）。

图14-6 贵州天沁商贸有限责任公司茶旅一体化农业示范项目发展规划鸟瞰图（天沁公司供图）

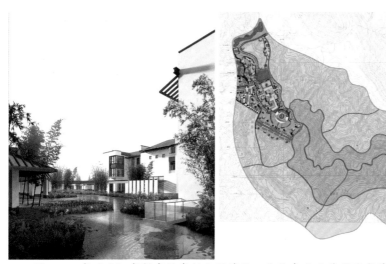

图14-7 贵州天沁商贸有限责任公司茶旅一体化农业示范项目发展规划茶艺坊局部透视图
（天沁公司供图）

第十五章　兴义茶政策

第一节　兴义县（市）级扶持茶叶产业政策措施

据《兴义县志》记载：兴义县自清朝嘉庆二年（公元1797年）成立，至1950年解放，前后被起义军、国民党叛匪攻占6次，县政府所保存的历史资料大多佚失、损毁。中华人民共和国成立后，兴义县曾出台过一些支持兴义茶叶产业发展的文件，因当时茶产业不是兴义主导产业、档案馆火灾等原因，现已无法查找到当时的第一个五年计划等相关文件，只查找到20世纪50年代初期至今的一些支持茶产业发展的政策和文件，现将查找到的历史文件记录如下：

1956年，《兴义县人民委员会为布置1956年茶子收储任务和加强对茶叶生产的领导》文件，明确要求了如何开展工作，如何指导茶农采摘、种植、明确分配茶种任务数量等。

1974年8月11日，为了使兴义县（兴义）茶叶生产又快又好的发展，力争1980年实现年产茶叶五万担，兴义县革命委员会出台《兴义县革命委员会关于发展茶叶生产的意见》文件，计划在兴义发展茶叶5万亩。

2007年3月30日，中共贵州省委印发《贵州省人民政府关于加快茶产业发展的意见》文件。

2007年8月6日，市人民政府副市长廖福刚在市政府四楼会议室主持召开会议，专题研究万峰林退耕还茶、泥凼何氏苦丁茶项目落实有关事宜。

2007年12月24日，中共黔西南州委印发《黔西南州人民政府关于加快茶产业发展的意见》文件。

2012年10月30日，兴义市人民政府办公室印发《市人民政府办公室 关于抓好2012年茶产业发展工作的通知》文件。

2013年11月4日，市人民政府出台专题会议纪要《关于研究兴义市生态标准示范茶园建设有关事宜的专题会议纪要》。

2014年5月13日，为进一步推进兴义市茶叶产业发展，促进茶叶产业做大做强，兴义市人民政府办公室印发《关于成立兴义市推进茶叶产业发展工作领导小组》。

2014年8月20日，为切实做好兴义市古茶树资源保护与合理开发利用，兴义市人民政府办公室印发《关于成立兴义市古茶树资源保护与合理开发利用兴义市人民政府办公室项目工作领导小组的通知》文件，编制了《兴义茶古茶树保护与发展规划》；同年9月市人民政府编制了《贵州省兴义茶古茶树资源的保护与合理开发利用项目申报书》；2014年8月至9月州委、州政府领导多次到兴义市调研，针对茶产业工作做了指示，市委主要领导要求10月8日前将州领导的指示精神贯彻落实情况及《七舍茶叶产业发展情况报告》以专报形式上报。

2014年9月28日，市人民政府出台专题会议纪要《关于2012年中央和省级财政现代农业特色优势产业生产发展资金茶叶项目乡镇任务调整有关事宜的会议纪要》。

2015年2月5日，市人民政府出台专题会议纪要《关于研究兴义市2012年中央和省级财政现代农业特色优势产业发展资金2万亩茶叶项目相关事宜的会议纪要》。

2015年5月26日，市人民政府出台专题会议纪要《关于宁波对口帮扶七舍镇茶叶种植资金项目实施有关事宜的会议纪要》。

2016年6月15日，黔西南布依族苗族自治州人民政府法制办公室关于征求《黔西南布依族苗族自治州古茶树资源保护条例（草案）》意见的函。

2016年11月8日，为推动七舍茶地理标志产品保护工作顺利开展，兴义市人民政府办公室印发《关于成立七舍茶地理标志产品工作领导小组》《关于明确七舍茶地理标志产品申报主体的通知》文件。

2017年，按照兴义市"一鸡一草两果三叶百花"（三叶：茶叶、蔬菜、烟叶）的产业发展定位，将茶叶产业纳入重点发展产业，同年10月23日印发《中共兴义市委办公室 兴义市人民政府办公室关于印发<兴义市脱贫攻坚产业结构调整暨扶贫产业子基金工作推进方案>的通知》、11月8日印发《中共兴义市委办公室 兴义市人民政府办公室关于印发<兴义市2017年度农业产业结构调整项目实施方案>的通知》，对兴义市2017—2019年茶产业发展做了详细规划。

2019年7月31日，兴义市人民政府办公室《关于印发<兴义市茶产业发展实施方案2019—2021年>的通知》文件。文件明确指出：到2021年底，全市新增茶叶种植面积1.5万亩，茶园规模达7万亩以上。在七舍建设相对集中连片1000亩和2000亩以上的示范点各1个，其余宜茶乡镇（街道）分别建设1个相对集中连片1000亩以上的示范点。每个示范点按照标准化茶园建设要求完善相关配套设施，茶园茶青亩产值达每年4000元以上。其中，对于分布零星和缺窝断行严重的茶园，采取补植补造来使茶园"集中连片"，补助标准为每亩900元；对于因树势老化或种植品种不合理的茶园，采取换种的方法来提升其经济效益，补助标准为每亩900元；对于20世纪70年代用茶籽种植但现已荒芜的老茶园，采取加强土、肥、水管理，结合台刈、重修剪，清除茶园荆棘、杂草、杂木等措施进行改造，综合补助标准为每亩400~600元（视具体改造难度定）；对于因管护措施不到位，产量低、品质差的低产茶园，采取修剪及加强土、肥、水管理等技术措施，每亩补助每亩300元。

2019年10月24日，中共兴义市委文件 中共兴义市委 兴义市人民政府 关于印发《兴义市农业产业结构调整工作方案》的通知、《兴义市农业产业结构调整工作方案》。文件明确指出：围绕全市可耕作土地实际情况，结合500亩以上坝区产业结构调整及重点产业发展工作要求，通过实施网格化管理，大力发展种草养牛、蔬菜、中药材、茶叶、花卉苗木等特色产业。

种植调整补助政策。新植茶叶每亩按照900元标准给予苗木补贴。

技术服务团队外聘政策。按照每个产业安排20万元技术服务资金，可外聘第三方技术服务团队。

农调扶贫险政策。申请州级财政匹配30%保费补贴，市级配套60%保费补贴，农户承担10%保费，实现全市10万亩以上农业产业结构调整替代作物保险全覆盖。

坝区土地流转政策。对在500亩以上坝区内进行土地流转的龙头企业、合作社给予土地流转费用补助，每亩每年补助400元，连续补助三年。由土地流转企业、合作社提供土地流转清册及土地流转金支付凭证，经乡镇（街道）审核报市农业农村局，市财政局将资金指标下达市农业农村局，市农业农村局按照土地流转面积将补助金直接兑现各企业、合作社。

产业发展贷款贴息政策。支持龙头企业、合作社领衔农业产业结构调整发展产业，经营主体用于产业发展的贷款资金，由市财政给予贴息补助，经营主体产业发展必须具备一定规模，有示范带动作用，利益联结机制健全，由企业（合作社）提出申请，乡镇（街道）审核，市农业农村局负责审批，市财政局按照审批情况拨付贴息资金。为产业发展新建的冷库、分拣车间等农业配套设施，由市农业农村局牵头待项目建设完工后实地核准，相关补助资金按程序报市委、市人民政府研究拨付。

产销对接。采取挖掘本地市场和拓展市外市场相结合的方式打通产销对接关键环节。一是由市工业和科技局牵头，市市场监管局、市教育局、泉涌配送中心配合，扩大公立学校（幼儿园）、职校、企业、机关等单位食堂市内农产品采购份额，统筹本地各农贸市场农产品销售市场份额，推进"买本地卖本地""基地直供"模式，建立全市农产品本地产销对接常态化机制。二是由市生态移民局（市扶贫办）、市农业农村局、市工业和科技局、市供销社各明确1名分管领导和3名干部职工，组建4个农产品销售工作专班，各龙头企业配合，通过主动对外推介的方式，争取推进兴义市农产品销售逐步辐射周边城市，不断扩大省外市场份额，由市生态移民局（市扶贫办）负责浙江对口帮扶城市市场、市农业农村局负责成都、重庆等西南重点城市市场、市工业和科技局负责深圳、广州等一线城市市场，市供销社负责贵阳、广西等临近城市市场。

2019年12月13日，兴义市财政局文件《兴义市财政局关于下达专项经费的通知》文件："经批准，现下达你单位出版《中国茶全书·兴义卷》编纂出版经费15万元。"

此外，尚有林业、水务、国土、交通等相关部门也充分利用所属相关项目辅助兴义的茶产业发展。

兴义历届党委、政府、人大、政协领导对茶产业的发展给予高度重视，多次到茶园、茶山、加工厂进行考察、指导（图15-1～图15-8）。

图15-1 中共黔西南州委常委、兴义市委书记顾先林（左三）一行到敬南镇调研茶叶加工情况（王进波摄、吕普祥供图）

图15-2 2019年时任中共黔西南州委常委、兴义市委书记许凤伦（右二）到敬南镇调研茶产业（吕普祥供图）

图15-3 中共兴义市委副书记、市人民政府市长田涛（右二）等领导到七舍镇调研茶园（陈大友供图）

图15-4 中共兴义市委副书记、市人民政府市长田涛（前排右三），市人民政府副市长李启明（左一）等领导到茶园调研（陈大友供图）

图15-5 兴义市人大常务委员会主任蒋蜀安（右三）陪同黔西南州人大领导一行考察兴义古茶树（徐盛祥供图）

图15-6 贵州省茶产业专家服务第三组赴兴义现场指导座谈会，市农业农村局党组书记、局长、《中国茶全书·贵州兴义卷》主编徐盛祥（左四）汇报兴义茶产业发展情况（陈大友供图）

图15-7《中国茶全书》王德安主总编一行到
兴义市调研茶旅一体化（郎应策供图）

图15-8《中国茶全书·黔西南州卷》
主编王存良（右三）一行到兴义茶园
查看茶叶生长情（秦海摄）

第二节 兴义市乡镇街道扶持茶产业政策措施

2006年，七舍镇制定了200亩优质茶叶示范基地实施方案，兴义市七舍镇茶叶发展（2006—2020）规划方案。

2007年，七舍镇制定了茶叶产业发展规划，兴义市七舍镇万亩茶叶基地建设可行性研究报告。

2009年，七舍镇制定了2009—2010年茶叶产业发展实施方案，七舍镇2009年乌龙茶发展项目建议书，七舍镇老茶园改造实施方案，七舍镇人民政府关于全面推进茶叶产业发展的实施意见。

2010年，七舍镇制定了2010年茶叶产业发展实施方案。

2012年，七舍镇多方争取支持实施了宁波对口帮扶6500亩茶叶种植项目。

2013年，泥凼镇为切实做好泥凼镇梨树村苦丁茶种植项目工作，成立了泥凼镇梨树村苦丁茶种植实施工作领导小组。

2017年，根据《中共兴义市委办公室 兴义市人民政府办公室关于印发<兴义市2017年度农业产业结构调整项目实施方案>的通知》及《关于兴义市2017年度农业产业结构调整项目（茶叶种植）实施方案的批复》文件精神，七舍镇组织实施了5000亩茶叶种植项目。

为完成七舍镇7万亩茶园基地建设的长远目标，实现茶园建设标准化、优质化、安全化、高效化目标，全面提升茶产业综合生产能力，做强做大做优茶产业，促进农村经济社会发展和农民增收。全面贯彻落实时任市委书记许风伦、市长袁建林在2017年农业产业暨易地扶贫搬迁大比武现场观摩会上的讲话精神，着力打造"一带一品"的发展战略，实现群众增收、贫困户如期脱贫。七舍镇党政联席会议经过研究，制定了《兴义市七舍镇"七舍茶"产业园三年创建方案》文件，决定在2017年内新植茶园5000亩，2018年内新植茶园8000亩，2019年内新植茶园10000亩。

2018年七舍镇争取到"兴义·余姚"东西部协作扶贫项目资金150万元，在七舍镇侠家米村、糯泥村新植茶叶1000亩。项目覆盖建档立卡贫困户131户491人，在茶叶种植三年生长期中，采取固定分红模式保障贫困户收益，每年按照150万资金的5%固定分红，即年分红7.5万元，连续分红3年，户均年分红577元。其他乡镇（街道）因地制宜，分别出台了相关政策措施，从资金、土地、水电路等基础设施的配套建设上倾向茶产业，大力推动茶产业的发展。

第十六章

兴义茶质量体系

图 16-1 兴义茶质量认证体系（张义摄）

兴义市独特的地理、自然环境条件，适宜出产优质茶叶。生态茶园是兴义茶产区的主要特色，兴义茶叶产品质量严格执行无公害农产品、绿色食品、有机产品和地理标志产品的质量标准（图16-1）。

第一节　独特产地环境出产好茶

兴义市生态良好，森林覆盖率48%，森林植被有65科，185种，生物丰富多样，有利于茶树生长居群构成良好生态系统。兴义市土壤类型为黄棕壤、黄壤、红壤、石灰土、紫色土、水稻土、草甸土、潮土等。黄壤、黄棕壤土呈酸性，土壤有机质含量高，富含锌、镁等微量元素，适宜茶树生长。杜鹃植物是酸性土的标记物，每年4—5月，兴义高山上杜鹃花开映山红，有趣的是，杜鹃花周围茶园较多，从远处看，构成茶绿杜鹃红的美丽景象（图16-2）。

图 16-2 兴义茶园风光（张义供图）

兴义市东、南、西三面分别被马岭河、南盘江及黄泥河切割，市内有大小河流77条，属雨源型河流，均属珠江流域西江水系，水域面积85.78km²，占全市总面积的2.95%。马岭河由北向南纵贯市境、西有黄泥河，东有流入安龙县白水河的汇水区。全市二级支流有74条，其中流域面积大于20km²的有20条。年平均入境量98.38亿m³，年平均出境量

114.04亿 m³。市境内泉水有483处，流量达4.65m³/s，丰富水资源决定了兴义空气清新、湿润多雾气候特点。

兴义海拔780~2207.7m，从谷底到山顶形成独特的高山气候，云雾缭绕，具有"十里不同天"的立体气候特点。七棒高原山脉年平均气温14.5℃，年降水量1600mm，平均海拔1880m，最高海拔为白龙山的2207.7m，是黔西南州最高峰，高山以天然酸性土为主。森林广袤，森林覆盖率达50%以上，多为原始森林，林中泉水潺潺，空气清新，生态植被完好。七舍镇现有古茶树160余株，分布于白龙山脉脚下革上村的原始森林中，树高在5m、冠幅4m以上的古茶树有32株，树高4m以上、冠幅3m以上的古茶树有75株，是研究茶树发展史的活化石。

贵州是国内唯一兼具"低纬度、高海拔、寡日照"条件的原生态茶区，从"寡日照"特点来看，兴义市年日照数1647.3h，比昆明（2134.9h）少487.6h，比湄潭县（1163h）多484.3h，比普安县（1528.3h）多119h，与安徽省黄山市1647.6h接近，处于"寡日照"特征区域。兴义市茶园采取与各种林木混作的方式来增加荫蔽度，将直射光改为漫射光，更适宜茶树生长。兴义"低纬度"之低、"高海拔"之高是省内其他县市茶区比不了的，具有明显地域独特性，独特产地环境造就品质好茶。近年来，兴义市打造高山绿茶和红茶，品质优异，受到越来越多饮茶爱好者的喜爱和欢迎。

第二节　茶叶生产过程质量管理

一、茶叶种植

（一）农业部门质量监管

1. 农业投入品监管

强化农业投入品监管。兴义市对农药经营执行许可制度，要求销售商在销售环节设立高毒农药和限用农药专柜，所有销售过程执行台账制度；对农药、化肥等农业投入品销售门市进行监督检查，严厉查处假冒伪劣农资经营和各种不规范经营行为；对茶叶生产基地开展巡查，要求生产者规范使用农药和化肥；遵守农药使用安全间隔期；做好农药和化肥购买和使用记录；应用国家农产品质量安全可追溯系统平台，做好产品可追溯工作，保障茶叶产品质量安全。

2. 产品质量抽检

农业部门加强茶叶质量安全抽检，省厅每年开展茶叶质量安全监督抽检，县乡设置检验检测机构开展茶青检测，市农安站2014年机构取得实验室"双认证"，开展茶青农

第十一章　兴义茶质量体系

205

残定量检测，七舍镇农业服务中心从2008年开始对本地茶青开展农残检测。通过质量检测手段，督促企业重视产品质量安全工作，提高茶叶质量安全水平。

3. 生产技术指导和培训

开展茶园生产技术指导，一是对茶产业规划布局做好谋划，划定适宜茶树种植区域，发动农户种植茶树，逐步扩大种植规模；二是做好引种、研究和示范工作；三是大力推广绿色病虫防治技术，重点推广黄板、杀虫灯、生物防治等技术；四是指导企业落实好"三品一标"标准化质量控制措施，推广生产质量控制技术；五是指导企业（合作社）做好品牌创建和产品销售；六是加强对茶叶对生产者各种技术培训。

（二）企业质量管理体系

1. 组织管理

兴义市茶叶种植加工主体为公司、农民专业合作社、种植大户和小散农户；茶叶种植模式为企业（合作社）流转土地种植、农户自有土地种植；茶青来源于企业（合作社）自有土地（流转）种植茶青、企业（合作社）与农户签协议种植茶青、企业在市场上收购茶青；以"公司＋合作社＋农户""公司＋合作社""公司＋农户""合作社＋农户"为生产经营组织模式。

2. 生产管理制度

兴义市茶叶生产者认真做好生产过程环节质量安全，按照"三品一标"质量标准化要求，严格执行各项生产制度，遵循"人、机、料、环、法"质量管理要素，根据产品质量要求和定位，结合国标、省标制定企业（合作社）茶叶产品生产技术规程，建立生产基地各项管理制度，设立基地内检员并经培训合格上岗。

3. 生产记录

农业部门督促企业（合作社）做好生产记录，倒逼企业（合作社）按质量要求规范农业投入品使用，杜绝安全隐患。按照《农产品质量安全法》规定，茶叶生产者需如实记载下列事项：一是使用农业投入品的名称、来源、用法、用量和使用、停用的日期；二是茶叶收获日期；三是茶叶生产记录应当保存2年。兴义市大多数茶叶生产企业（合作社）已用纸质或电子表册记载生产记录。

4. 关键风险点控制技术

在质量控制体系中，关键风险点控制技术更易操作和实施，针对兴义市茶农生产者实际情况，技术部门协助企业找出质量安全风险点，制定相应控制措施，兴义市农业农村局在近几年质量管理工作中，协助企业把风险隐患排查出来，制定相应质量控制措施，提高了质量管理工作效率。

茶叶生产质量风险因素：一是农药购买和使用是否合规；二是肥料购买和使用是否合规；三是茶青和茶叶来源是否把控清楚；四是茶青采摘过程是否卫生；五是加工器械是否干净清洁；六是贮运和包装材料质量是否合格。

茶叶生产质量风险控制措施：一是农药购买和使用合规。如：清楚国家禁限用农药名录；按农药正规标签说明使用；严格遵守农药安全使用间隔期；规范处置农药包装废弃物等。二是肥料购买和使用合规。如：购买正规厂商生产的有机肥和化肥；对农户自养畜禽产品粪便要进行充分腐熟和发酵，慎用大型养殖场未经无害化处理的畜禽粪便，否则易发生重金属污染；最后一次施用化肥需间隔20d，否则易造成茶叶产品亚硝酸盐残留。三是清楚茶青和茶叶来源。如：对于自有基地生产的茶青，需记载采摘批次、数量、日期和地块等关键信息；与农户签订种植协议的，需记载供货农户姓名、采摘批次、数量、日期和地点等关键信息；收购茶青时，需记载供货农户姓名、数量、日期和地点等关键信息，做到每批次茶叶产品茶青来源的可追溯，记录须保留2年以上；非自有基地生产的茶青，质量安全风险较大，采购方需要了解供货农户生产管理情况后才可采购，一旦生产茶叶产品被检测农残超标，对企业（合作社）来说将被面临监管部门处罚问责，违法成本太大；四是茶青采摘过程要干净卫生，茶青采摘是劳动力服务，首先劳动者需要身体健康，操作规范，勿用指甲掐茶青，保持手指干净；五是加工器械清洁，要按规定消毒，保持加工器械卫生清洁；六是贮运和包装材料合格，装运茶叶器具要干净清洁，器具材料以竹木制具为佳，塑料纸质材料器具和包装材料要符合食品卫生相关规定。

二、茶叶加工

（一）加强质量监管

市场监督管理局质量监管加强食品生产监督管理，保障食品安全，根据《中华人民共和国食品安全法》《贵州省食品生产加工小作坊监督管理办法》等法律法规规定，市场监督管理局依法开展茶叶加工企业（合作社）监管。通过日常监管、产品抽检、执法等工作，确保加工环节茶叶食品质量安全水平。与农业部门抽检有别，市场监督管理部门重点抽检加工产品是否添加非法添加物（剂）以及卫生是否达标。

（二）实施加工生产许可制度

为保障加工食品安全，根据《食品生产许可管理办法》《贵州省食品生产加工小作坊监督管理办法》等法规，严格控制茶叶加工市场准入，对兴义市茶叶加工企业（合作社）执行许可制度（图16-3）。兴义市取得《食品生产许可证》（即SC认证）的茶叶生产企业共8家单位，即：黔西南州华曦生态牧业有限公司、黔西南州嘉宏茶业有限责任公司、

图16-3 食品生产许可证（张义供图）

兴义市绿茗茶业有限责任公司、兴义市后河梁子茶叶农民专业合作社、兴义市绿缘中药材种植农民专业合作社（苦丁茶加工）、兴义市天瑞核桃种植农民专业合作社（绿茶、红茶加工）、贵州天沁商贸有限责任公司、黔西南州茶籽化石茶业有限公司（已停业）等企业和合作社。获得《贵州省小作坊登记证》的茶叶加工小作坊20家单位。

三、产品质量可追溯

（一）实行产品质量可追溯制度

2017年以来，贵州省农业农村厅开展农产品质量安全可追溯应用工作，黔西南州嘉宏茶业有限公司作为首批贵州省农产品质量安全可追溯电子系统应用企业（合作社）之一，通过农残速测仪开展茶青农残快速检测，并将结果上传贵州农产品质量安全可追溯系统平台，实现茶叶产品每批次质量安全可追溯。

（二）开展国家农产品质量安全可追溯系统平台应用

2019年5月，兴义市开展国家农产品质量安全可追溯系统平台应用，重点在获得"三品一标"企业（合作社）开展应用。全市茶叶企业（合作社）共18家申请账户，通过平台应用，企业（合作社）可打印系统自动生成主体二维码和每批次产品二维码应用于茶叶产品包装上，消费者通过扫描二维码，可立即获取企业（合作社）主体信息和每批次产品信息。通过可追溯平台系统应用，逐步建立实施茶叶产品质量安全可追溯制度（表16-1）。

表16-1　兴义市进入国家农产品质量安全可追溯系统茶叶企业名录

序号	企业（合作社）名称	法定代表人	联系人
1	兴义市鑫缘茶业农民专业合作社	宦其伟	宦其伟
2	兴义市大坡茶叶农民专业合作社	何文华	何文华
3	贵州天沁商贸有限责任公司	孙海	彭荣武
4	兴义市绿茗茶业有限责任公司	杨德军	雷文洪
5	黔西南州嘉宏茶业有限责任公司	罗春阳	郭梦菁

序号	企业（合作社）名称	法定代表人	联系人
6	兴义市绿缘中药材种植农民专业合作社	陈超文	陈超文
7	兴义市绿蕊食品有限公司	卢连春	陈超文
8	兴义市天瑞核桃种植农民专业合作社	郑为予	吴俊
9	兴义市隆鑫种植农民专业合作社	陈祖云	陈祖云
10	兴义市隆汇种植农民专业合作社	付万刚	付万刚
11	兴义市高锋韵茶叶种植农民专业合作社	邹竹娟	邹竹娟
12	兴义市金合中药材种植农民专业合作社	骆礼金	骆礼金
13	黔西南州华曦生态牧业有限公司	李刚灿	李万森
14	兴义市裕隆种植农民专业合作社	方严安	方彦安
15	兴义市农丰农业发展有限公司	韦洪飞	韦洪飞
16	黔西南州天麒绿色产业开发有限公司	陈超文	陈超文
17	黔西南州贵隆农业发展有限公司	吴俊	吴俊
18	兴义市后河梁子茶叶农民专业合作社	李帮勇	李帮勇

第三节　茶叶产品质量

一、茶叶产品质量检测

（一）茶叶产品质量安全监督抽检

　　贵州省农业农村厅每年开展茶叶产品监督抽检，检测参数：溴氰菊酯、氰戊菊酯、氟氰戊菊酯、哒螨灵、甲氰菊酯、联苯菊酯、氯氰菊酯、高效氯氟氰菊酯、三氯杀螨醇、灭线磷、水胺硫磷、铅等，检测标准：GB/T 23204—2008，每个样本重量1kg。2010年开展此项工作以来，兴义市抽取春、夏秋绿茶和红茶样品在省厅监督抽检中从未出现1例农残和重金属超标，兴义茶叶是标准的"干净茶"（表16-2）。

表16-2　2015—2019年贵州省农业农村厅对兴义茶叶生产企业监督抽检统计表

年份	企业（合作社）名称	抽检产品	抽检结果
2015	黔西南州嘉宏茶业有限责任公司	绿茶、红茶	合格
	黔西南州华曦生态牧业有限公司	绿茶、红茶	合格
	兴义市隆汇种植农民专业合作社	绿茶	合格
	兴义市绿茗茶业有限责任公司	绿茶、红茶	合格
	兴义市大坡茶叶农民专业合作社	绿茶	合格

年份	企业（合作社）名称	抽检产品	抽检结果
2016	兴义市绿缘中草药种植农民专业合作社	绿茶	合格
	黔西南州嘉宏茶业有限责任公司	绿茶	合格
	黔西南州华曦生态牧业有限公司	绿茶、红茶	合格
2016	兴义市后河梁子茶叶农民专业合作社（春、夏秋茶2个样）	绿茶	合格
	兴义市隆鑫种植农民专业合作社	绿茶	合格
	兴义市绿茗茶业有限责任公司	绿茶、红茶	合格
	兴义市隆鑫茶叶种植农民专业合作社	绿茶、红茶	合格
	贵州天沁商贸有限责任公司（春、夏秋茶共4个样）	绿茶、红茶	合格
	黔西南州嘉宏茶业有限公司	绿茶、红茶	合格
	兴义市农丰农业发展有限公司	绿茶	合格
	兴义市绿蕊食品有限公司	绿茶、红茶	合格
2017	兴义市绿缘中药材种植农民专业合作社	苦丁茶	合格
	兴义市天瑞核桃种植农民专业合作社	绿茶、红茶	合格
	兴义市鑫缘种植农民专业合作社	绿茶、红茶	合格
	黔西南州嘉宏茶业有限公司	绿茶、红茶	合格
	黔西南州华曦生态牧业有限公司	绿茶、红茶	合格
	黔西南州天麒绿色产业开发有限公司	苦丁茶	合格
	黔西南州贵隆农业发展有限公司	绿茶	合格
	兴义市天瑞核桃种植农民专业合作社	绿茶、红茶	合格
	兴义市绿蕊食品有限公司	绿茶、红茶	合格
	兴义市绿缘中药材种植农民专业合作社	苦丁茶	合格
	兴义市大坡茶叶农民专业合作社	绿茶、红茶	合格
	贵州天沁商贸有限责任公司	绿茶、红茶	合格
	黔西南州嘉宏茶业有限公司	绿茶、红茶	合格
2018	黔西南州华曦生态牧业有限公司	绿茶、红茶	合格
	兴义市金合中药材农民专业合作社	绿茶	合格
	兴义市隆汇种植农民专业合作社	绿茶	合格
	兴义市隆鑫茶叶种植农民专业合作社	绿茶、红茶	合格
	兴义市绿茗茶业有限责任公司	绿茶、红茶	合格
	兴义市高峰韵茶叶种植农民专业合作社	绿茶	合格
	兴义市裕隆种植农民专业合作社	绿茶、红茶	合格

年份	企业（合作社）名称	抽检产品	抽检结果
2019	兴义市高峰韵茶叶种植农民专业合作社	绿茶、红茶	合格
	兴义市鑫缘茶业农民专业合作社	绿茶、红茶	合格
	兴义市裕隆种植农民专业合作社	绿茶、红茶	合格
	黔西南州贵隆农业发展有限公司	绿茶、红茶	合格
	兴义市天瑞核桃种植农民专业合作社	绿茶、红茶	合格
	兴义市绿缘中药材种植农民专业合作社	苦丁茶	合格
	兴义市农丰农业发展有限公司	绿茶、红茶	合格

（二）茶叶内含物检测

兴义市相关部门和多家企业（合作社）高度重视茶叶品质提升打造，多次到有资质检测机构开展茶叶产品内含物检测，通过内含物指标研究产品特性，发现价值，创建品牌。2017年兴义市大坡农民种植专业合作社通过华商国际（香港）实业投资集团有限公司检测绿茶产品，对出口欧盟茶叶产品各项检测参数进行检测，得到一份完整产品质量合格报告，这对大坡茶叶产品出口欧盟和开发定位起到了极其重要作用。2019年，兴义市七舍镇政府重视开发古茶树茶产品，通过谱尼测试检测公司检测七舍古树茶各项理化指标，检测结果对古树茶质量定位提供了参考依据。2020年，兴义市农业农村局申请州科技局立项开展兴义古茶树不同区域居群绿茶内含物测定及开发应用，提炼兴义古茶树绿茶内含物特征为"三高一低"，即高水浸出物、高茶多酚、高锌元素、低氨基酸，为兴义古茶树绿茶品牌打造提供依据，为在生产上改良茶叶品质提出主攻短板方向，制定兴义古茶树绿茶和兴义大叶种茶短穗扦插技术规程团体标准。

二、茶叶产品质量认证

（一）地理标志

1."七舍茶"地理标志保护产品

2017年12月8日，"七舍茶"获国家质检总局批准为国家地理标志保护产品。保护范围：兴义市七舍镇、捧乍镇、敬南镇、猪场坪乡4个乡镇。保护品种为适宜加工制作七舍茶的当地中小叶群体种。七舍镇政府已授权15家企业和合作社开展"七舍茶"地理标志使用（图16-4）。

图16-4 "七舍茶"地标授牌（陈大友摄）

2018年12月21日至23日，兴义市"七舍茶"地理标志产品应邀参加在湖南省长沙市举行由中国知识产权报社、中国知识产权发展联盟、湖南广播影视集团等单位联合主办的"金芒果地理标志产品国际博览会"，"七舍茶"产品因品质优异受到了展会嘉宾高度赞誉。

"七舍茶"质量技术要求如下：

① 品种：保护范围内适宜加工制作七舍茶的当地中小叶群体种。

② 立地条件：产地范围内海拔1500~2100m，土壤类型为黄壤或黄棕壤，土壤pH值4.5~6.5，土壤有机质含量≥1.0%，土层厚度≥40cm。

③ 栽培管理：育苗采用扦插育苗。种植时间为9月上旬至翌年2月下旬。栽植密度3000~3333株/亩。

④ 施肥：每年每亩施腐熟有机肥≥2000kg。

⑤ 环境、安全要求：农药、化肥等的使用必须符合国家的相关规定，不得污染环境。

⑥ 采摘：春茶采摘时间为每年3月中旬至5月下旬，采摘单芽、1芽1叶初展、1芽2叶初展；夏茶采摘时间为每年6月中旬至8月上旬，采摘单芽、1芽1叶初展、1芽2叶初展及1芽3叶初展。

⑦ 加工工艺流程：鲜叶→摊青→杀青→摊凉→揉捻→做形→干燥。

⑧ 工艺要求：摊青：厚度1~5cm，时间4~10h；杀青：温度140~160℃，时间2~6h，杀青叶"色泽由鲜绿转为暗绿，叶质变软，清香显露"为适度；摊凉：厚度2~3cm，时间10~20h；揉捻：时间12~25h；做形：按要求进行做形，分为扁平茶、直条形毛峰、卷曲形茶；干燥：分2~3次干燥，至含水量≤7.0%。

⑨ 感官特色：外形紧细、匀整、显毫；色泽绿润；汤色嫩绿明亮；滋味甘怡醇厚、口感清香。

⑩ 理化指标：水分（%）≤6.5；水浸出物（%）≥38.0；总灰分（%）≤7.0；粗纤维（%）≤14.0。

⑪ 安全及其他质量技术要求：产品安全及其他质量技术要求必须符合国家相关规定。

2. "贵州绿茶"农产品地理标志

2017年1月10日，由贵州省绿茶品牌发展促进会申报经农业农村部正式登记"贵州绿茶"国家农产品地理标志。登记保护范围：贵州省辖区内的9个市（州）61个县市（区）的茶树生长区，包括黔西南州兴义市、晴隆县、普安县、兴仁县、安龙县、贞丰县、义龙新区7市（县）区。地理坐标东经103°36′~108°35′、北纬24°55′~29°13′之间，保护面积约17430万亩。贵州绿茶生产面积70.05万亩。兴义市茶叶企业需向贵州省绿茶品牌发展促进会提出申请，经同意后按相关要求可使用标志（图16-5）。

核准使用产品全称：贵州绿茶

使用申请人全称：黔西南州嘉宏茶业有限

责任公司

授权使用证书编号：AGI02055-0151

贵州省绿茶品牌发展促进会

图16-5 "贵州绿茶"商标（张义供图）

2018年以来，兴义市获得贵州省绿茶品牌发展促进会授权使用的企业（合作社）：黔西南州华曦生态牧业有限公司、黔西南州嘉宏茶业有限责任公司、兴义市绿茗茶业有限责任公司、贵州天沁商贸有限责任公司。

"贵州绿茶"质量技术要求如下：

1）感官品质

卷曲形茶：紧细较卷，白毫显露、色泽绿润，汤色黄绿亮，叶底嫩匀、明亮、鲜活、完整。

扁形茶：茶身扁、平、直，色泽绿翠，汤色黄绿亮，叶底嫩绿匀整。

颗粒形茶：圆结重实呈粒、含芽团抱，毫中透绿，汤色黄绿亮，叶底柔软、芽叶完整。

贵州高海拔、低纬度、寡日照、冷凉多雾等条件孕育茶叶的物质组合性好，三款茶都具备：翡翠绿、嫩栗香、浓爽味的特点。

2）理化品质

特异的理化品质特征：贵州绿茶粗纤维含量以6.8%~9.5%为最多，水溶性灰分含量59%~99%，平均为64%；游离氨基酸总量4%~6%，平均含量为5.61%；水浸出物40%~50%，平均值为45.8%；茶多酚含量22%~28%，平均含量为19.13%；咖啡碱含量3%~5%，平均含量为4.37%。

理化品质：卷曲型茶各质量等级理化品质。

3）质量安全

贵州绿茶执行GB 2762—2017《食品安全国家标准食品中污染物限量》和GB 2763—2021《食品安全国家标准食品中农药残留最大限量》标准。

4）产地环境质量

贵州绝大部分茶园建园都远离城区、工矿区、交通主干线、工业污染源；二是贵州绝大部分茶园建园都在生态环境良好、生态植被丰富的山坡地上。茶园选址规定：有效土层厚度≥80cm、有机质（0~20cm）≥1.5g/kg、环境相对湿度≥80%、坡度≤30°，并要求一氧化碳、铅两项指标要达到GB 3095—2012《环境空气质量标准》要求。

5）品 种

贵州绿茶原料茶树品种以中小叶种为主，如湄潭、石阡、贵定鸟王等地方良种、福鼎大白茶等。

6）采 摘

贵州绿茶采摘标准为单芽至1芽3叶。采摘要求采用提手采，鲜叶应保持芽叶完整、新鲜、匀净、无污染物和其他非茶类杂物。

7）鲜叶装运

盛装茶表的工具应为竹制品（竹篓、竹筐、竹箩等）。

8）包装和贮藏

茶叶包装应符合（DB52/T 648—2010）《贵州茶叶包装通用技术规范》要求，包装材料应无毒、无异味、无脱色、无脱层，并不得含有荧光染料等污染物。产品贮藏应符合SB/T 10095—1992《茶叶贮藏养护通用技术条件》的要求，应贮于清洁、干燥、阴凉、无异味库（柜）中贮藏，温度5~8℃为宜，产品运输应符合SB/T 10037—1992的要求。运输工具应清洁、干燥、无异味、无污染。运输时应有防雨、防潮、防晒措施。严禁与有毒、有害、有异味、易污染的物品混装、混运。装卸时应轻装轻卸，严禁摔撞。

3.“普安红茶”农产品地理标志

2019年9月农业农村部批准由黔西南州茶叶协会申报“普安红茶”农产品地理标志登记。登记范围：黔西南布依族苗族自治州所辖兴义市、兴仁市、安龙县、贞丰县、普安县、晴隆县、册亨县、望谟县、义龙新区共计9个县（区、市）122个乡镇（街道）。地理坐标为东经104°32′~106°32′，北纬

图16-6 普安红茶农产品地理标志（张义供图）

24°38′~26°11′。兴义市茶叶企业需向黔西南州茶叶协会提出申请，经同意后按相关要求可使用标志（图16-6）。

2019年兴义市华曦生态牧业有限公司已获准使用该标志。

（二）无公害农产品

2019年兴义市获无公害茶园产地认定面积4.827万亩（图16-7），获无公害农产品产品认证共17个（图16-8），茶叶种植面积占无公害产地面积82.2%，主要分布在猪场坪、七舍、坪东、敬南、乌沙、泥凼、捧乍、清水河、鲁布格、木贾等10个乡镇（街道）（表16-3）。

图16-7 无公害农产品产地认定证书（张义供图）

图16-8 无公害农产品证书（张义供图）

表16-3 兴义市茶产业无公害农产品产地认定和产品认证统计表

认证类别	获证单位	面积/亩	产品
无公害农产品产地认定	兴义市绿茗茶业有限责任公司	2025	绿茶、红茶
	兴义市大坡茶叶农民专业合作社	2800	绿茶
	贵州天沁商贸有限责任公司	1500	绿茶
	黔西南州嘉宏茶业有限责任公司	1000	绿茶、红茶
	兴义市绿缘中药材种植农民合作社	12975	苦丁茶
	兴义市绿蕊食品有限公司	1500	绿茶
	兴义市高峰韵茶叶种植农民合作社	1000	绿茶
	黔西南州华曦生态牧业有限公司	3199	绿茶、红茶
	兴义市天瑞核桃种植农民合作社	1000	绿茶、红茶
	兴义市金合中药种植农民合作社	500	绿茶
	兴义市隆鑫茶叶种植农民合作社	500	绿茶
	兴义市隆汇种植农民专业合作社	500	绿茶
	兴义市后河梁子茶叶农民合作社	600	绿茶、红茶
	兴义市清源茶叶种植农民专业合作社	6000	绿茶
	兴义市白和果蔬种植农民合作社	1000	绿茶
	兴义市金霄种养殖农民专业合作社	5025	绿茶
无公害农产品产地认定	兴义市宏富茶叶种植农民合作社	5100	绿茶
	黔西南州贵隆农业发展有限公司	750	绿茶、红茶
	兴义市鑫缘茶业种植农民专业合作社	1500	绿茶、红茶
合计：19（家）		48275	

认证类别	获证单位	面积/亩	产品
无公害农产品产品认证	兴义市绿茗茶业有限责任公司	2025	绿茶、红茶
	兴义市大坡茶叶农民专业合作社	2800	绿茶
	贵州天沁商贸有限责任公司	1500	绿茶
	黔西南州嘉宏茶业有限责任公司	1000	绿茶、红茶
	兴义市绿缘中药材种植农民合作社	12975	苦丁茶
	兴义市绿蕊食品有限公司	1500	绿茶
	兴义市高峰韵茶叶种植农民合作社	1000	绿茶
	黔西南州华曦生态牧业有限公司	3200	绿茶、红茶
	兴义市天瑞核桃种植农民合作社	1000	绿茶、红茶
	兴义市金合中药种植农民合作社	500	绿茶
	兴义市隆鑫茶叶种植农民合作社	500	绿茶
	兴义市隆汇种植农民专业合作社	500	绿茶
合计：12（家）		28300	17（个）
无公害农产品产地认定	兴义市绿茗茶业有限责任公司	2025	绿茶、红茶
	兴义市大坡茶叶农民专业合作社	2800	绿茶
	贵州天沁商贸有限责任公司	1500	绿茶
	黔西南州嘉宏茶业有限责任公司	1000	绿茶、红茶
	兴义市绿缘中药材种植农民合作社	12975	苦丁茶
	兴义市绿蕊食品有限公司	1500	绿茶
	兴义市高峰韵茶叶种植农民合作社	1000	绿茶
	黔西南州华曦生态牧业有限公司	3200	绿茶、红茶
	兴义市天瑞核桃种植农民合作社	1000	绿茶、红茶
	兴义市金合中药种植农民合作社	500	绿茶
	兴义市隆鑫茶叶种植农民合作社	500	绿茶
	兴义市隆汇种植农民专业合作社	500	绿茶
	兴义市后河梁子茶叶农民合作社	600	绿茶、红茶
	兴义市清源茶叶种植农民专业合作社	6000	绿茶
	兴义市白和果蔬种植农民合作社	1000	绿茶
	兴义市金霄种养殖农民专业合作社	5025	绿茶
	兴义市宏富茶叶种植农民合作社	5100	绿茶
无公害农产品产地认定	黔西南州贵隆农业发展有限公司	750	绿茶、红茶
	兴义市鑫缘茶业种植农民专业合作社	1500	绿茶、红茶

认证类别	获证单位	面积/亩	产品
无公害农产品产品认证	兴义市绿茗茶业有限责任公司	2025	绿茶、红茶
	兴义市大坡茶叶农民专业合作社	2800	绿茶
	贵州天沁商贸有限责任公司	1500	绿茶
	黔西南州嘉宏茶业有限责任公司	1000	绿茶、红茶
	兴义市绿缘中药材种植农民合作社	12975	苦丁茶
	兴义市绿蕊食品有限公司	1500	绿茶
	兴义市高峰韵茶叶种植农民合作社	1000	绿茶
	黔西南州华曦生态牧业有限公司	3200	绿茶、红茶
	兴义市天瑞核桃种植农民合作社	1000	绿茶、红茶
	兴义市金合中药种植农民合作社	500	绿茶
	兴义市隆鑫茶叶种植农民合作社	500	绿茶
	兴义市隆汇种植农民专业合作社	500	绿茶
合计：31（家）		76976	42（个）

（三）绿色食品认证

兴义市后河梁子茶叶农民专业合作社成立于2011年，从事茶叶生产、加工和经营。茶叶基地面积500亩，地处七舍侠家米、三转湾等地，海拔1800m，冬无严寒，夏无酷暑，全年多云雾且空气湿度大，土壤酸性，适宜茶树生长。合作社注册商标有"革上怡香""高原云峰""千枝艺叶"等。基地以生产加工优质茶叶为目标，长期施用有机肥和采用绿色防控技术措施生产高端茶叶，茶叶品质优良，深受广大消费者喜爱。2019年，该合作社拟申报绿色食品质量认证，认证工作正在进行中。

（四）有机产品认证

2014年7月22日，贵州天沁商贸有限公司获有机产品生产认证（证书编号：0960P1400022），有机茶园认证面积1000亩，认证部门：杭州中农质量证有限公司。

2019年7月21日，贵州天沁商贸有限公司获有机产品加工认证（证书编号：0960P1900042），贵州天沁商贸有限公司相继获得了从生产到加工完整的有机认证，认证产品年加工绿茶2500kg和红茶2500kg（图16-9）。

图16-9 兴义有机产品认证证书
（张义供图）

第十七章　兴义茶产业与精准扶贫攻坚

第一节　兴义茶叶生产概况

截至2019年年底，兴义市茶园面积为6.03万亩，主要种植有福鼎大白、龙井43、安吉白茶、乌牛早、鸠坑种（20世纪70年代用茶籽种植的老茶园）、名山白毫131、中茶108、梅占、黔湄601、苦丁茶等。

主要分布：七舍镇、泥凼镇（主要为苦丁茶）、敬南镇、捧乍镇、清水河镇、乌沙镇、猪场坪乡、坪东街道、雄武乡、木贾街道、鲁布格镇等11个乡镇（街道）。其中取得无公害认定茶园面积4.83万亩、有机认定茶园面积1000亩。2018年全市茶叶总产量为601.8t（其中大宗苦丁茶257.5t、嫩叶苦丁茶5t），实现产值10984.12万元。2019年全市茶叶总产量为623.28t。

第二节　兴义茶产业分布

兴义茶叶主要种植在海拔1400~1800m的七舍等中、高海拔12个乡镇（街道）。

截至2019年年底，兴义市共有新老茶园种植面积6.03万亩。主要种植在海拔1400~1800m的七舍等12个中、高海拔乡镇（街道）。

分布为：七舍镇2.62万亩；泥凼镇8500亩（其中苦丁茶8000亩），茶叶主要分布在乌舍村，苦丁茶主要分布在老寨、梨树、学校3个村；敬南镇5290亩；捧乍镇5440亩；清水河镇3500亩；乌沙镇2870亩；猪场坪乡2100亩；坪东街道1800亩；雄武乡1000亩；木贾街道500亩；鲁布格镇300。其中，2019新增种植面积2800亩。分布在敬南镇500亩；洒金街道办700亩；鲁布格镇940亩；南盘江镇400亩；坪东街道办260亩（苦丁茶）。

第三节　兴义茶企（合作社）、茶品牌概况

截至2019年年底，兴义市现有注册涉茶企业（单位、个人）464家。其中取得SC认证的7家企业主要从事绿茶、红茶加工。

茶叶农民合作社38家（省级龙头企业6家，州级龙头企业15家）；另有100多家茶馆茶楼，50多家茶叶专卖店；现已建成茶叶加工厂17个，另有个体手工作坊式加工场30余家。

全市注册的茶叶商标有"松风竹韵""云盘山涵香""云盘山高原红""云盘山香珠""羽韵绿茗""万峰春韵""南古盘香""金顶银狐""七户人家""革上怡香""绿山

耕耘""泥凼何氏苦丁茶"等29个,主要产品为绿茶(毛峰、毛尖和扁茶),红茶、苦丁茶等。

第四节 兴义贫困村、贫困人口及脱贫基本情况

兴义市属非贫困县(市),但县(市)境内还有一批不同类型的贫困村。近年来脱贫攻坚已成为全社会的第一要务,在各级政府部门的共同努力下,兴义市在贫困山区紧紧依托以茶叶、中药材等产业带动脱贫,取得了较好的成绩。

一、兴义市贫困村、贫困人口基本情况

(一)贫困村类别

截止2014年底,全市共有贫困村82个,其中,一类贫困村49个,二类贫困村16个,三类贫困村17个。

(二)贫困人口基本情况

截至2018年年底,全市共有建档立卡贫困户10629户46342人,已脱贫8640户38899人,未脱贫1989户7443人(包括返贫17户69人)。

(三)贫困村出列

2016年出列30个、2017年出列19个、2018年计划出列33个。分别如下:

2016年出列村:白碗窑镇甲马石村、敬南镇百合村、敬南镇海子村、敬南镇拢岸村、鲁布格镇发玉村、洛万乡平寨村、木贾街道干沟村、南盘江镇红椿村、南盘江镇梅家湾村、泥凼镇堵德村、坪东街道锅底河村、坪东街道洒金村、七舍镇鲁砍村、七舍镇糯泥村、清水河镇高峰村、三江口镇梅坪村、万峰林街道万福村、万峰林街道翁本村、威舍镇阿依村、威舍镇青龙村、乌沙镇大兴寨村、下五屯街道纳山村、雄武乡高峰村、雄武乡中心村、则戎乡硐山村、则戎乡拱桥村、则戎乡花郎村、则戎乡冷洞村、猪场坪乡龙滩村、猪场坪乡田湾村。

2017年出列村:仓更镇老王坡村、沧江乡祭山林村、沧江乡小米村、敬南镇高山村、鲁布格镇新土界村、洛万乡未班村、南盘江镇田寨村、南盘江镇未团村、泥凼镇石山村、泥凼镇学校村、捧乍镇堡堡上村、捧乍镇老厂村、捧乍镇坪洼村、七舍镇马格闹村、清水河镇新场村、乌沙镇磨舍村、乌沙镇普梯村、雄武乡盘江村、则戎乡长朝村。

2018年出列村:白碗窑镇戈多村、白碗窑镇下抹挫村、仓更镇戈厂村、仓更镇下寨村、沧江乡坪堡村、沧江乡新寨村、敬南镇巴布村、敬南镇菜子湾村、敬南镇水淹凼村、鲁布格镇中寨村、洛万乡陇纳村、洛万乡秧木村、南盘江镇坝艾村、泥凼镇江边村、泥

凼镇金竹凼村、泥凼镇经堂村、泥凼镇老寨村、泥凼镇梨树村、捧乍镇槟榔村、捧乍镇槽子湾村、捧乍镇大坪子村、捧乍镇垛砍村、捧乍镇小寨村、七舍镇侠家米村、清水河镇补打村、三江口镇红落万村、三江口镇黄角树村、威舍镇树嘎村、则戎乡半边街村、则戎乡长冲村、猪场坪乡堡上村、猪场坪乡长湾村、猪场坪乡毛草湾村。

二、贫困发生率情况

计算贫困发生率时，以2014年农村户籍人口数据560255人为准计算，具体为：

2016年：全市建档立卡贫困户10499户42896人，其中未脱贫4952户19203人，贫困发生率为3.43%；

2017年：全市建档立卡贫困户10640户46423人，未脱贫3781户14832人，贫困发生率为2.65%；

2018年：全市建档立卡贫困户10629户46342人，未脱贫1991户7448人，贫困发生率为1.33%。

2019年：全市建档立卡贫困户10624户46515人，已全部脱贫，贫困发生率为0%。

2020年：全市建档立卡贫困户10618户46802人，已全部脱贫，贫困发生率为0%。

第五节　兴义茶产业与扶贫攻坚

茶叶种植带大多属喀斯特地形地貌的石山半石山区，区域内水、电、路等基础设施薄弱，且多属老、少、边、穷山区，文化经济相对落后，脱贫攻坚任务十分艰巨。

兴义市独特的地形地貌环境发展茶产业，一方面具有山高雾多，无污染，土质优良，种出茶叶品质好的优势；另一方面由于生产过程中，机械化程度低，大多属手工操作，在栽培、管理（水、肥、土、药）、茶青采摘等劳动密集型工序生产环节中，需要投入大量的人力。茶产业发展对于山区群众摆脱贫困有着十分重要的意义。

一、兴义市茶产业带动贫困户情况

兴义市《"十三五"现代山地高效农业发展规划》明确提出，兴义市茶叶种植规模达10万亩以上，形成黔西南州茶产业规划中的兴义高山中小叶绿茶产业带。2019—2021年兴义市每年以新建茶园5000亩的速度稳步推进。茶产业的发展对带动贫困山区群众脱贫致富成效显著。

2016—2018年三年中，兴义茶产业涉及贫困村106个；涉及贫困户11804户48913人；

带动贫困户1784户6573人；三年贫困户种植茶叶共2284亩；参与茶叶生产、经营贫困人口9265人；三年参与茶叶生产经营贫困户人均增收27400元。

其中，2016年全市涉茶贫困村37个，贫困户4030户16316人，茶产业发展带动贫困户629户2441人，其中贫困户种茶683亩参与茶叶生产经营贫困户人数2834人，人均增收6200元以上。

2017年全市涉茶贫困村35个，贫困户4050户16637人，茶产业发展带动贫困户527户1955人，其中贫困户种茶754亩，参与茶叶生产经营贫困户人数3165人，人均增收10600元以上。

2018年全市涉茶贫困村34个，贫困户3724户15960人，茶产业发展带动贫困户628户2177人，其中贫困户种茶847亩，参与茶叶生产经营贫困户人数3266人，人均增收10600元以上。

二、茶产业扶贫模式及案例

茶产业扶贫模式主要有三种：一是贫困户自己种植茶园，出售茶青给企业（合作社）增加收入；二是贫困户定期或不定期到相关的茶企（合作社）从事茶叶生产、加工、销售，直接打工，挣取劳务费。如兴义市绿茗茶叶公司茶叶基地靠近（洒金街道洒金村）兴义市易地扶贫搬迁安置点，每年上万的易地搬迁贫困户到其基地进行除草、追肥、茶青采摘等工作，挣取劳务费（图17-1、图17-2）；三是贫困户以茶山、土地或国家政策扶持资金就近在企业（合作社）入股并为茶企业（合作社）打工并进行分红。兴义市茶叶企业（合作社）在扶贫攻坚的作用成效显著。

图17-1 兴义易地扶贫搬迁新市民正在销售茶青（杨德军供图）　　图17-2 易地贫困搬迁农户（新市民）在兴义绿茗茶业公司采摘茶青销售（杨德军供图）

（一）脱贫振兴"七舍茶"

七舍镇位于兴义市西部高原地带，素有兴义"七捧高原"之称。全镇国土面积

$116.6km^2$。茶叶主要产区海拔1500~2100m，年平均降水量1300~1600mm，年平均温度在14.5℃左右，年平均雾日在250d左右；土壤多为黄壤与黄棕壤，富含硒、锶、钡等微量元素，土壤pH值4.5~6.5，有机质含量大于1%，土层厚度大于30cm。主要农作物为玉米、烤烟、茶叶、油菜籽、小麦及马铃薯等，尤以种茶叶、烤烟为主要经济作物。

全镇辖6个行政村113个村民组7061户26396人，其中建档立卡贫困户302户1152人。镇内居住着苗、彝、仡佬等多个少数民族。

全镇现有茶叶种植面积2.62万亩。丰产茶园达1.8万亩；已认定无公害茶叶产地的面积为1.53万亩。"七舍茶"作为商品之名已有七八十年的历史。

"七舍茶"属高山云雾茶，品质独特，外形条索紧实、匀整、显毫，色泽褐绿、香气持久、汤色清澈明亮、滋味甘怡鲜爽，口感清香，叶底黄绿匀整，七舍镇是兴义的主要产茶乡镇，"七舍茶"是兴义绿茶的代表。

七舍镇是贵州古茶树资源的重要分布区域，境内现存多处百年古茶树资源群，多为原始林木，目前现存百年古茶树260余株，成林成片生长约156株。其中树高5m以上、冠幅$12m^2$以上的有30株，株高4m以上、冠幅$7m^2$以上的有70余株。最为引人注目的是被当地人称为"茶树王"的一株，树龄达1000多年，其树身高10.5m、冠幅$28m^2$以上。现当地政府对古茶树进行了高规格的保护，对每一株古茶树都进行了编号、挂牌、建档案，实行单株跟踪护养。

七舍地区的茶叶种植与制茶历史，早在清朝初期就已经形成，距今至少已有200多年的历史。据《兴义府志》记载："按茶，产府亲辖之北乡，屯脚，七舍，毛尖是也。"《滇黔纪游》（清代陈鼎撰）亦记载："去府西南之四十余里，捧乍亲辖之革上，产茶。"据考证，古籍中所记载的"革上"就是今天七舍镇所辖的革上村。《黔西南布依族苗族自治州·农业畜牧志》中，也有兴义市七舍地区分布着许多古老大茶树的记载。据七舍镇鲁坎村老林组《郑氏族谱》增页记载："皇清国四川珍州嘉庆五年（1800年）迁出于老林定居。带来粮种茶果银子等在此繁衍生息……"《兴义市志》中，记载了兴义市的茶叶主要分布在七舍、捧乍、鲁布格、猪场坪，泥凼、万屯、三江口等7个乡镇。

七舍镇现种植的茶叶主要品种有福鼎大白、龙井43、安吉白茶、乌牛早、古树茶（大厂茶）等品种，年干茶总产量约80t。现有省级龙头茶叶示范企业2家，示范合作社2家，农民专业合作社13家，加工作坊30余家，镇级茶叶协会1个，优质茶园示范基地6个，年产200t清洁化茶叶加工厂2个，已取得QS认证（现改为SC）的企业3家。注册的茶叶商标有"七舍茶""松风竹韵""云盘山涵香""金顶银狐"等20个。在2009年的上海国际茶文化节评选中，七舍茶荣获"中国名茶"金奖称号。华曦公司生产的"松风竹韵"在"2013年黔茶杯名优茶评比"中荣获一等奖,嘉宏公司生产的"七舍·涵香"绿茶在2009年第十六届上海国际茶文化节"中国名茶"评选荣获金奖,"云盘山涵香"红茶在"2015年贵州省秋茶斗茶大赛"上荣获金奖茶王,"香珠"在2016年贵州省第四届"黔茶杯"评比荣获"特等奖"。2017年"七舍茶"获国家地理标志保护产品。

"七舍茶"历史底蕴传承悠久,品质优良,品牌效应突出,产品远销北京、浙江、山东等国内大中城市。七舍茶产业发展采用"公司+合作社+贫困户"的模式,鼓励贫困户参与茶叶种植、管理、加工、销售的全过程,做到贫困户(302户1152人)全覆盖。

七舍镇党委、政府高度重视七舍茶产业发展,将茶产业作为助推脱贫攻坚和乡村振兴的主导产业,多措并举,围绕"高原茶文化养生小镇"主题,搭建茶园采摘示范区、游园区、认领区、七舍茶文化馆、山地度假养生馆,整合一二三产业,打造西部高山茶旅一体化产业基地(图17-3)。

图17-3 七舍茶园(陈大友供图)

2018年,七舍镇与浙江余姚签订《兴义市"七舍茶"培育提升三年行动计划》,余姚帮扶资金150万,实施东西部扶贫协作"七舍镇1000亩茶叶种植、管护"项目,在糯泥村、侠家米村新植优质茶园1085亩。在茶叶种植三年生长期间,每年向贫困户固定分红7.5万元,三年后茶园进入投产期,预计1000亩茶园每年产鲜芽10万kg,以单价60元/kg计算,每年茶青采摘销售收入可达600万余元。七舍茶产业的发展对助力当地脱贫攻坚,实现乡村产业振兴起到了重要作用。

(二)黔西南州华曦生态牧业有限公司

在兴义市七舍镇建设有茶园基地3000亩,同时建有清洁化茶叶加工厂等附属设施,开展茶旅一体化产业,该公司多年来致力于脱贫攻坚,仅2018年就与当地村组建档立卡贫困户12户签订了长年用工合同协议,按月发放工资,使12户(43人)贫困户稳定收入有了可靠的保障。

（三）兴义市绿茗茶业有限责任公司

在洒金村建有2000亩无公害生态茶园，并建有茶叶清洁化茶叶加工厂1座，加工厂有初制车间3间，精制车间、包装车间、名优茶车间各1间。公司总建筑面积800m²，占地面积1500m²；有现代化茶叶加工机械10套；有职工26人，专业技术人员6人，年产干茶100t，产值1000万元以上。

2016年参与公司茶产业生产经营贫困村1个，贫困户30户120人，茶产业发展带动贫困户10户40人，参与茶叶生产经营贫困户100人，人均增收3500元以上。

2017年参与公司茶产业生产经营贫困村1个，贫困户50户200人，茶产业发展带动贫困户20户80人，参与茶叶生产经营贫困户人数500人，人均增收4200元以上。

2018年参与公司茶产业生产经营贫困村1个，贫困户60户240人，茶产业发展带动贫困户25户100人，参与茶叶生产经营贫困户人数1200人，人均增收5300元以上。

（四）大坡农民茶叶专业合作社

位于白河村的敬南镇大坡农民茶叶专业合作社，有96户贫困户在合作社入股打工，除有每天的打工收入100元外，在茶叶采摘季节合作社还会以高出市价价格收购贫困户采摘的茶青。入股合作社的贫困户每年有540元的子基金分红。近年来，合作社先后带动贫困户1800人次实现增收，茶叶产业扶贫效果显著。

三、茶产业扶贫利益联结统计（表17-1~表17-3）

表17-1　兴义市茶叶产业带动贫困户利益联结统计表

序号	乡镇、街道	年度/年	贫困村个数/个	贫困户数/户	贫困人口数/人	茶产业带动贫困户数/户	茶产业带动贫困人口数/人	茶产业带动贫困户人均增收/元	备注
1	七舍镇	2016	4	285	1062	171	684	500	
		2017	4	291	1167	175	700	500	
		2018	4	295	1186	177	708	550	
		2019	4	295	1200	236	944	650	
		2020	4	264	1094	238	952	650	
2	捧乍镇	2016	8	704	2830	53	229	486	
		2017	8	707	3122	106	458	512	
		2018	8	698	3106	159	687	528	
		2019	8	698	3124	212	916	569	
		2020	8	595	2734	268	1147	583	

序号	乡镇、街道	年度/年	贫困村个数/个	贫困户数/户	贫困人口数/人	茶产业带动贫困户数/户	茶产业带动贫困人口数/人	茶产业带动贫困户人均增收/元	备注
3	猪场坪镇	2016	5	538	1975	36	132	1120	
		2017	5	552	2216	36	132	1209	
		2018	5	552	2236	38	153	1305	
		2019	5	552	2244	44	178	1409	
		2020	5	475	1978	45	187	1521	
4	鲁布格镇	2016	3	292	1166	28	112	200	
		2017	3	292	1245	43	172	260	
		2018	3	294	1252	51	204	270	
		2019	3	294	1245	64	293	300	
		2020	3	222	968	72	326	500	
5	雄武乡	2016	3	306	1320	21	84	1450	
		2017	3	358	1588	26	109	1580	
		2018	3	357	1610	23	98	1490	
		2019	3	357	1608	20	76	1330	
		2020	3	266	1240	13	44	1180	
6	敬南镇	2016	7	1209	4922	112	521	900	
		2017	7	1206	5291	112	521	900	
		2018	7	1207	5272	112	521	1000	
		2019	7	1207	5310	115	536	1000	
		2020	7	1076	4805	129	588	1100	
7	坪东街道	2016	1	258	1242	25	90	400	
		2017	1	258	1277	50	195	500	
		2018	1	258	1276	55	220	600	
		2019	1	257	1298	62	253	550	
		2020	1	132	716	20	82	300	
8	洒金街道	2020	1	118	527	23	108	1000	洒金从坪东独立出来
9	木贾街道	2016	1	285	1084	23	65	200	主要是土地流转和务工
		2017	1	284	1179	26	84	500	
		2018	1	282	1168	32	97	800	
		2019	1	282	1165	41	108	900	
		2020	1	269	1208	45	124	1100	

序号	乡镇、街道	年度/年	贫困村个数/个	贫困户数/户	贫困人口数/人	茶产业带动贫困户数/户	茶产业带动贫困人口数/人	茶产业带动贫困户人均增收/元	备注
10	乌沙镇	2016	3	480	1889	92	367	836	
		2017	3	483	1996	92	367	836	
		2018	3	483	2004	92	367	836	
		2019	3	482	2013	107	122	861	
		2020	3	455	1917	114	463	875	
11	清水河镇	2016	3	709	2919	16	72	200	
		2017	3	712	2997	28	121	280	
		2018	3	712	3057	33	143	560	
		2019	3	712	3079	26	119	520	
		2020	3	712	3094	18	78	660	

表 17-2　兴义市茶叶产业带动贫困户利益联结统计表（部分企业合作社）

序号	企业名称	年度/年	贫困村个数/个	贫困户数/户	贫困人口/人	茶产业带动贫困户/户	茶产业带动贫困人口/人	种植面积/亩	参与生产经营加工贫困户人数/人次	茶产业带动贫困户人均增收/元
1	兴义市大坡茶叶农民专业合作社	2016	1	152	577	21	92	66	82	1000
		2017	1	96	468	67	386	350	386	1200
		2018	1	98	475	96	460	600	460	2000
		合计				184	938	716	928	4200
2	兴义市绿缘中药材种植农民专业合作社	2016	2	113	678	145	870	3610	54	900
		2017	2	103	618	180	1080	3240	62	1600
		2018	2	83	498	230	1380	4140	78	2200
		合计				555	3330	9990	194	4700
3	绿茗茶业公司	2016	1	30	120	10	40	0	100	3500
		2017	1	50	200	20	80	0	500	4200
		2018	1	60	240	25	100	0	1200	5300
		合计				55	220	0		13000
4	合计	2016	3	143	798	176	1002	2676	236	5400
		2017	3	153	818	267	1546	3590	948	7000
		2018	3	143	738	351	1940	4740	1738	9500
		合计				794	4488	11006	2922	21900

表 17-3　兴义 1949—2020 年茶叶产量表

年份 / 年	茶叶产量 / t	年份 / 年	茶叶产量 / t	年份 / 年	茶叶产量 / t
1949	1	1973	6	1997	145
1950	1	1974	10	1998	124
1951	1	1975	8	1999	128
1952	6	1976	8	2000	132
1953	7	1977	29	2001	124
1954	8	1978	26	2002	141
1955	4	1979	37	2003	146
1956	12	1980	32	2004	150
1957	30	1981	53	2005	156
1958	30	1982	78	2006	168
1959	39	1983	85	2007	176
1960	23	1984	57	2008	188
1961	10	1985	83	2009	252
1962	15	1986	108	2010	259
1963	23	1987	99	2011	254
1964	22	1988	119	2012	192
1965	17	1989	94	2013	220
1966	4	1990	101	2014	356
1967		1991	85	2015	388
1968	1	1992	87	2016	388
1969	9	1993	116	2017	567
1970	2	1994	121	2018	601.8
1971	0	1995	158	2019	623.28
1972	5	1996	156	2020	763.64

参考文献

贵州省安龙县史志委员会办公室.兴义府志[M].贵阳：贵州人民出版社,2009.

贵州省兴义县史志编纂委员会.兴义县志[M].贵阳：贵州人民出版社,1988.

兴义县参议会,兴义市县文献委员会.民国兴义县志[M].北京:开明出版社,2018.

贵州省地方志编纂委员会.贵州省农业志[M].贵阳：贵州人民出版社,2001.

中国农业全书总编辑委员会.中国农业全书·贵州卷[M].北京:中国农业出版社,1995.

刘守刚,兴义市史志办编.兴义县政一览[M].2014.

兴义市史志办公室.兴义年鉴2006—2020[M].昆明:云南科技出版社.

兴义年鉴编纂部.兴义市统计年鉴1949—2020[M].贵阳：贵州人民出版社.

兴义市文化体育旅游和广播电影电视局.兴义风物之文物古迹[M].贵阳：贵州科技出版社,2014.

兴义市史志编纂委员会.兴义市志[M].贵阳：贵州人民出版社,2008.

后记

  《中国茶全书·贵州兴义卷》记述了兴义市（县）茶树资源、茶马古道及自清朝嘉庆五年（1800年）到2020年全市茶叶种植、加工、经营、茶产业、茶旅一体化等发展的曲折过程及所取得的成就。全书使用翔实的资料数据，全面、系统地梳理了茶叶这一片神奇树叶在兴义的发展历程，是一部具有历史资政价值的茶叶全书，记录了兴义茶叶的兴衰创业史，更是现当代兴义茶人的奋斗史。

  编者是根据农业农村部《中国茶全书》编辑部拟定的编写篇目要求，多方收集资料，经过筛选、整理、归类，由兴义市人民政府正式发文，市农业农村局牵头，组织人员进行撰写，形成的书稿。

  在全书编纂中，编者力图从框架设计、资料搜集、地域特色及行文规范等方面，实现专业性、资料性、科学性的统一，以保证全书质量。

  书稿的最后完成和付梓，得力于各级领导的支持，国家、省、州、市茶界同行、同仁、朋友的关心和帮助，在此一并致谢。这是兴义市首部茶叶行业的专业著作，由于档案资料搜集的局限性，加之编者水平有限，而成稿的时间紧、工作量大、涉及内容广、时间跨度长、编纂仓促，这部全书的资料处理、文风语法等肯定有不妥之处，书中瑕疵敬请各位专家批评指正。

《中国茶全书·贵州兴义卷》编委会黄凌昌

2021年10月30日